Laser in der Materialbearbeitung
Forschungsberichte des IFSW

K. M. Grünewald
Modellierung der
Energietransferprozesse
in längsgeströmten CO_2-Lasern

Laser in der Materialbearbeitung
Forschungsberichte des IFSW

Herausgegeben von
Prof. Dr.-Ing. habil. Helmut Hügel, Universität Stuttgart
Institut für Strahlwerkzeuge (IFSW)

Das Strahlwerkzeug Laser gewinnt zunehmende Bedeutung für die industrielle Fertigung. Einhergehend mit seiner Akzeptanz und Verbreitung wachsen die Anforderungen bezüglich Effizienz und Qualität an die Geräte selbst wie auch an die Bearbeitungsprozesse. Gleichzeitig werden immer neue Anwendungsfelder erschlossen. In diesem Zusammenhang auftretende wissenschaftliche und technische Problemstellungen können nur in partnerschaftlicher Zusammenarbeit zwischen Industrie und Forschungsinstituten bewältigt werden.

Das 1986 gegründete Institut für Strahlwerkzeuge der Universität Stuttgart (IFSW) beschäftigt sich unter verschiedenen Aspekten und in vielfältiger Form mit dem Laser als einer Werkzeugmaschine. Wesentliche Schwerpunkte bilden die Weiterentwicklung von Strahlquellen, optischen Elementen zur Strahlführung und Strahlformung, Komponenten zur Prozeßdurchführung und die Optimierung der Bearbeitungsverfahren. Die Arbeiten umfassen den Bereich von physikalischen Grundlagen über anwendungsorientierte Aufgabenstellungen bis hin zu praxisnaher Auftragsforschung.

Die Buchreihe „Laser in der Materialbearbeitung – Forschungsberichte des IFSW" soll einen in Industrie wie in Forschungsinstituten tätigen Interessentenkreis über abgeschlossene Forschungsarbeiten, Themenschwerpunkte und Dissertationen informieren. Studierenden soll die Möglichkeit der Wissensvertiefung gegeben werden. Die Reihe ist auch offen für Arbeiten, die außerhalb des IFSW, jedoch im Rahmen von gemeinsamen Aktivitäten entstanden sind.

Modellierung der Energietransferprozesse in längsgeströmten CO$_2$-Lasern

Von Dr.-Ing. Karin Maria Grünewald
Universität Stuttgart

B. G. Teubner Stuttgart 1994

D 93

Als Dissertation genehmigt von der Fakultät für Konstruktions- und Fertigungstechnik der Universität Stuttgart.

Hauptberichter: Prof. Dr.-Ing. habil. H. Hügel
Mitberichter: Prof. Dr.-Ing. A. Frohn

Die Deutsche Bibliothek – CIP-Einheitsaufnahme

Grünewald, Karin Maria:
Modellierung der Energietransferprozesse in längsgeströmten
CO_2-Lasern / von Karin Maria Grünewald. – Stuttgart :
Teubner, 1994
  (Laser in der Materialbearbeitung)
  Zugl.: Stuttgart, Univ., Diss.
  ISBN 978-3-519-06213-4   ISBN 978-3-322-96730-5 (eBook)
  DOI 10.1007/978-3-322-96730-5

Gesamtherstellung: Präzis-Druck GmbH, Karlsruhe
Einband: E. Kretschmer, Leipzig

Kurzfassung

Zur eindimensionalen Beschreibung der laseraktiven Vorgänge in einem längsgeströmten, transversal elektrisch angeregten CO_2-Laser mit Dauerstrichbetrieb wird ein theoretisches Modell vorgestellt, das die Simulation von Verstärkungs- und Oszillationsverhalten erlaubt. Der Energieinhalt der freien Elektronen in der Entladungsstrecke und die daraus resultierenden Anregungswahrscheinlichkeiten sind Lösungen der Boltzmanngleichung. Die Kinetik des Lasergasgemischs ist in einem Fünftemperaturmodell erfaßt. Die Strömung folgt den Gesetzmäßigkeiten im kompressiblen Unterschall bei Energiezufuhr in einem Kanal mit konstantem Querschnitt. Reibung und Wandkühlung finden zusätzlich Berücksichtigung. Chemische Degradationsprozesse werden vernachlässigt.

Theoretische Untersuchungen des Verstärkungsverhaltens erlauben Aussagen über die Qualität des laseraktiven Mediums und unterstützen die Auswahl von Betriebsparametern in der Konzeptionsphase neuer Lasersysteme. Die Ermöglichung quantitativer Prognosen über maximal erreichbare Laserleistungen reduziert zusätzlich den experimentellen Aufwand für die Laserentwicklung.

Die tatsächlichen Auskoppelleistungen, abhängig von laseraktivem Medium und geometrischen wie optischen Resonatordaten, folgen aus der Berechnung der Vorgänge im Oszillatorbetrieb. Somit läßt sich auch das Zusammenwirken von laseraktivem Medium und Resonatorgeometrie erfassen und bewerten.

Inhaltsverzeichnis

1 Einführung   **17**
  1.1 Motivation und Ziele der Computersimulation in der CO_2-Laserentwicklung   17
  1.2 Arbeitsprinzip und funktionaler Aufbau des CO_2-Strömungslasers 19

2 Physik des laseraktiven Mediums   **22**
  2.1 CO_2-Laserprinzip und Laserleistungsdaten 22
    2.1.1 Wechselwirkung zwischen Strahlung und Teilchen 23
    2.1.2 Inversion und Inversionserzeugung 27
    2.1.3 Eigenschaften des laseraktiven Mediums 30
    2.1.4 Wechselwirkung zwischen Strahlungsfeld und laseraktivem Medium 32
  2.2 Kinetik der elektrischen Anregung 35
    2.2.1 Selbständige Entladung 35
    2.2.2 Struktur der Glimmentladung 37
    2.2.3 Stöße und Stoßarten 40
    2.2.4 Freie Elektronen 42
  2.3 Kinetik der schweren Teilchen 46
    2.3.1 Schwingungsformen der Moleküle 46
    2.3.2 Rotationsfreiheitsgrade 48
    2.3.3 Energieübertragung durch Stöße zwischen schweren Teilchen 49
    2.3.4 Einfluß der Heliumatome 51
  2.4 Makroskopische Vorgänge im laseraktiven Medium 51
    2.4.1 Thermodynamischer Zustand 51
    2.4.2 Translationsenergie 55

3 Modellierung der laseraktiven Vorgänge   **56**
  3.1 Beschreibung der Entladungsvorgänge in der positiven Säule 57
    3.1.1 Elektronenenergieverteilung und Anregungskoeffizienten 57
    3.1.2 Elektronendichte und Plasmaeigenschaften 65
    3.1.3 Selbstkonsistente Feldstärkenbestimmung 66
  3.2 Darstellung der Vibrationskinetik und der Laserleistungsdaten 69
    3.2.1 Fünftemperaturmodell 69
    3.2.2 Verstärkungsverhalten des laseraktiven Mediums 72
    3.2.3 Strahlungsfeld und Oszillatorbetrieb 76
    3.2.4 Schluß von einer Strecke auf den Gesamtresonator 76
  3.3 Numerische Behandlung der Rohrströmung mit Wärmeeinkopplung 78

4 Problemorientierte Simulationsmodelle   **81**
  4.1 Beurteilung der Entladungsbedingungen und der Anregungseffizienz 82
    4.1.1 Frequenzabhängigkeit der selbständigen Entladung 82
    4.1.2 Anregungs- und Transportkoeffizienten 82

4.1.3 Relaxationsverhalten der Elektronen in Reaktion auf zeitlich veränderliche Feldstärken 85

4.1.4 Einfluß superelastischer Stöße auf die Entladungseigenschaften und die Kleinsignalverstärkungskoeffizienten 87

4.2 Qualifikation des laseraktiven Mediums 88

4.3 Einfluß des Strahlungsfeldes 90

4.4 Notwendigkeit der ortsabhängigen Berechnungsweise 95

4.5 Simulationsmodelle aus der Literatur 99

5 Zuverlässigkeit des Simulationsverfahrens **103**

5.1 Streuung der Vorgabedaten 103

5.2 Vergleich mit dem Experiment 105

5.2.1 Experimenteller Nachweis der Ortsabhängigkeit von Stromstärke und Elektronendichte 106

5.2.2 Verstärkungseigenschaften im quergeströmten Laser 108

5.2.3 Verstärkungseigenschaften im längsgeströmten CO_2-Laser 109

6 Charakteristika des laseraktiven Mediums **115**

6.1 Abhängigkeit der Lasertätigkeit vom gasdynamischen Anströmzustand 115

6.1.1 Auswirkungen auf das gasdynamische Verhalten 116

6.1.2 Beeinflussung der elektrischen Eigenschaften 119

6.1.3 Verhalten der Laserkinetik 122

6.1.4 Anwendung der Skalierungen auf den längsgeströmten CO_2-Laser 128

6.2 Einfluß der Feldformung 130

6.3 Vergleich von Gleichstrom- und Hochfrequenzanregung 135

7 Leistungsbestimmung im Strömungslaser **138**

7.1 Maximal mögliche Laserleistung im strömenden Medium 138

7.2 Ausgekoppelte Laserleistung und Länge des laseraktiven Bereichs 142

7.3 Zuordnung der unterschiedlichen Leistungsdaten 145

8 Zusammenfassung **148**

Literaturverzeichnis **151**

VARIABLENLISTE

Symbol	Bedeutung	Einheit
a	Beschleunigung	ms^{-2}
A	Strömungsquerschnitt	m^2
A_a	Kleinste Spiegelfläche	m^2
A_e	Stromdurchflossene Fläche	m^2
b	Boltzmannfaktor	-
B	Rotationskonstante	m
c	Lichtgeschwindigkeit im Medium	ms^{-1}
$\bar{c}_e$	Mittlere thermische Geschwindigkeit der Elektronen	ms^{-1}
c_f	Reibungsbeiwert	-
c_H	Heizungsbeiwert	-
c_p	Spezifische Wärmekapazität bei konstantem Druck	$Jkg^{-1}K^{-1}$
C_e	Kapazität der Einkopplung	F
d	Elektrodenabstand	m
d_T	Teilchenabstand	m
D_a	Koeffizient der ambipolaren Diffusion	m^2s^{-1}
D_e	Koeffizient der freien Elektronendiffusion	m^2s^{-1}
D_p	Koeffizient der freien Protonendiffusion	m^2s^{-1}
e^0	Elementarladung	C
e^-	Elektron	
E	Betrag der Feldstärke	$V\,m^{-1}$
E_0	Amplitudenwert der Feldstärke	$V\,m^{-1}$
E_f	Energieinhalt des Energieniveaus f	J
E_g	Energieinhalt des Energieniveaus g	J
E^H	Energie der direkten Heizung	J
E_{Ms}	Anregungsenergie des Vibrationsmodes M der Spezies s	J
E_I	Eingekoppelte elektrische Energie	J
E_Q	Quantenenergie	J
E_P	Pumpenergie	J
E^R	Energie der Relaxationsheizung	J
E_{VT}^R	Anteil der Vibrations-Translations-Stöße an der Relaxationsenergie	J
E_{VV}^R	Anteil der Verluste bei Vibrations-Vibrations-Stößen an der Relaxationsenergie	J
E/N	Betrag der reduzierten Feldstärke	Vm^2

Symbol	Bedeutung	Einheit
f^e	Geschwindigkeitsverteilungsfunktion der Elektronen	-
f_0^e	Isotroper Anteil an der Geschwindigkeitsverteilungsfunktion der Elektronen	-
f_j^e	Betrag des Störungsanteils an der Geschwindigkeitsverteilungsfunktion der Elektronen	-
f_D^I	Linienform der Intensitätsverteilung in Folge Dopplerverbreiterung	s
f_I^N	Linienform der Intensitätsverteilung in Folge homogener Verbreiterung	s
F^L	Betrag der Lorentzkraft	N
F_j	Betrag der äußeren Kräfte	N
g	Verstärkungskoeffizient	m^{-1}
g_0	Kleinsignalverstärkungskoeffizient	m^{-1}
g^R	Verstärkungskoeffizient aus Resonatordaten	m^{-1}
h	Plancksches Wirkungsquantum	Js
h_0	Massenspezifische Totalenthalpie	Jkg^{-1}
I	Intensität am Spiegel	Wm^{-2}
I_0	Eintrittsintensität	Wm^{-2}
I_a	Ausgekoppelte Intensität	Wm^{-2}
I_c	Kavitätsintensität, Intensität des Strahlungsfeldes im Resonator	Wm^{-2}
I_c^{sp}	Spontan emittierter Anteil an der Kavitätsintensität	Wm^{-2}
I_l	Austrittsintensität	Wm^{-2}
I_s	Sättigungsintensität	Wm^{-2}
I_{sp}	Intensität in Folge spontaner Emission	Wm^{-2}
j	Betrag der Stromdichte	Am^{-2}
J	Betrag der Stromstärke	A
k	Boltzmannkonstante	JK^{-1}
Kn	Knudsenzahl	-
k_{Ms}^e	Koeffizient der Elektronenstoßanregung	$m^3\,s^{-1}$
k_A^e	Koeffizient der dissoziativen Anlagerung	$m^3\,s^{-1}$
k_I^e	Koeffizient der Ionisation	$m^3\,s^{-1}$
k_R^e	Koeffizient der Rekombination	$m^3\,s^{-1}$

Symbol	Bedeutung	Einheit
l	Länge der Entladungsstrecke	m
l_A	Länge des laseraktiven Bereichs	m
l_f	Mittlere freie Weglänge	m
l_M	Spiegelabstand	m
l_S	Länge der freien Strömung	m
m	Gemischmasse	kg
m_e	Elektronenmasse	kg
M	Molekülmasse	kg
Ma	Machzahl	-
M_s	Molekülmasse der Spezies s	kg
M_S	Molekülmasse des Stoßpartner S	kg
n_e	Elektronendichteverteilung	-
n_e^n	Normierte Elektronendichteverteilung	eV^{-1}
N	Gesamtteilchendichte	m^{-3}
N_0	Besetzungsdichte des Grundniveaus	m^{-3}
N_e	Elektronendichte	m^{-3}
N_{CO_2}	Teilchendichte des Kohlendioxids	m^{-3}
N_f	Besetzungsdichte des Energieniveaus f	m^{-3}
N_g	Besetzungsdichte des Energieniveaus g	m^{-3}
N_{N_2}	Teilchendichte des Stickstoffs	m^{-3}
N_p	Ionendichte	m^{-3}
N_s	Teilchendichte der Spezies s	m^{-3}
ΔN	Besetzungsinversion	m^{-3}
p	Statischer Druck in der Strömung	mbar
P_a	Ausgekoppelte Laserleistung	W
P_{max}^{vol}	Maximal mögliche Laserleistungsdichte	Wm^{-3}
P_{max}	Maximal mögliche Laserleistung	W
q	Boltzmannfaktor der Stickstoffschwingung	-
q_D	Damköhlerzahl	-
Q	Wärmemenge	J
Q^v	Translationswärme	J
r	Boltzmannfaktor der asymmetrischen Längsschwingung des Kohlendioxids	-
R	Rohrradius	m
R_a	Reflexionsgrad des Auskoppelspiegels	-

Symbol	Bedeutung	Einheit
R_D	Ohmscher Widerstand der Entladung	Ω
R_e	Reflexionsgrad des Endspiegels	-
R_G	Spezifische Gaskonstante	$Jkg^{-1}K^{-1}$
R_k	Kompensationswiderstand	Ω
s	Boltzmannfaktor der Biegeschwingung des Kohlendioxids	-
t	Zeit	s
t_a	Einstellzeit des stationären Zustands für die Elektronenenergieverteilung	s
T	Gastemperatur	K
T_e	Elektronentemperatur	K
T^P	Wechselstromperiode	s
T_W	Wandtemperatur	K
T_{ν_f}	Vibrationstemperatur der Schwingungsform f	K
u	Boltzmannfaktor der symmetrischen Längsschwingung des Kohlendioxids	-
u_c	Charakteristische Energie der Elektronen	eV
u_e	Energieinhalt der Elektronen	eV
U	Spannungsbetrag	V
U_D	Spannung in der Entladung	V
U_E	Spannung in der dielektrischen Schicht	V
U_G	Speisespannung	V
v	Betrag der Strömungsgeschwindigkeit	ms^{-1}
v_D	Betrag der Driftgeschwindigkeit der Elektronen	ms^{-1}
V	Entladungsvolumen	m^3
V_a	Verluste am Auskoppelspiegel	-
V^C	Coulomb-Potential	V
V^D	Debey-Potential	V
w_e	Betrag der Elektronengeschwindigkeit	ms^{-1}
x	Koordinate in Strömungsrichtung	m

Symbol	Bedeutung	Einheit
α	Absorptionskoeffizient	m^{-1}
α_W	Wärmeübertragungskoeffizient	Wm^{-2}
γ	Koeffizient der Verluste im Medium	m^{-1}
δ_{AC}	Feldverschiebungsdicke	m
δ_E	Dicke des Dielektrikums	m
ϵ	Elektronenenergie	J
ϵ_0	Elektrische Feldkonstante	$CV^{-1}m^{-1}$
ζ	Koeffizient des anharmonischen Anteils zur Vibrationsenergie	-
η_a	Verhältnis von ausgekoppelter zu maximal möglicher Leistung (entspricht Resonatorwirkungsgrad)	-
η_L	Laserwirkungsgrad	-
η_{max}	Verhältnis von maximal möglicher Laserleistung zu Einkoppelleistung	-
η_P	Pumpwirkungsgrad	-
η_Q	Quantenwirkungsgrad	-
η_R	Resonatorwirkungsgrad	-
κ	Isentropenexponent	-
λ	Wellenlänge des Laserübergangs	m
μ_e	Beweglichkeit der Elektronen	$m^2s^{-1}V^{-1}$
μ_p	Beweglichkeit der Ionen	$m^2s^{-1}V^{-1}$
μ_s	Reduzierte Masse von Spezies s und Stoßpartner S	kg
ν	Anregungsfrequenz	Hz
ν_f	Frequenz der Schwingungsform f	Hz
ν^{ER}	Stoßfrequenz für die inelastischen Stöße	Hz
ν^{IT}	Stoßfrequenz für die elastischen Stöße	Hz
ν^*	Resonanzfrequenz des Laserübergangs	Hz
$\Delta\nu^D$	Halbwertsbreite bei Dopplerverbreiterung	Hz
$\Delta\nu^N$	Halbwertsbreite bei natürlicher Verbreiterung durch Unschärfe der Energieniveaus	Hz
$\Delta\nu^P$	Halbwertsbreite bei natürlicher Verbreiterung durch Stöße	Hz

Symbol	Bedeutung	Einheit
ζ	Verkippungswinkel der Elektrode	-
π	Kreiszahl	-
ρ	Gasdichte	kgm^{-3}
ϱ	Statistisches Gewicht	-
σ_f^s	Stoßquerschnitt für die Elektronenstoßanregung der Spezies s in den Vibrationszustand f	m^2
σ^{IT}	Stoßquerschnitt für elastische Stöße zwischen Elektronen und schweren Teilchen	m^2
σ_{stim}	Wirkungsquerschnitt der stimulierten Emission	m^2
σ_{stim}^{eff}	Effektiver Wirkungsquerschnitt der stimulierten Emission	m^2
σ^{stoss}	Stoßquerschnitt	m^2
τ_c	Lebensdauer des Photons in der Kavität	s
τ_{f}	Lebensdauer des Vibrationsniveaus f	s
τ_g	Lebensdauer des Vibrationsniveaus g	s
τ_G	Verweilzeit des Teilchens in der Kavität	s
τ^R	Relaxationszeit	s
τ_{sp}	Relaxationszeit der spontanen Emission	s
Υ	Boltzmannfaktor für die Rotation	-
φ	Leitfähigkeit des Mediums	$\mathrm{AV}^{-1}\mathrm{m}^{-1}$
Φ	Schweres Teilchen	-
ψ_s	Volumenanteil der Gaskomponenten s am Gemischvolumen	-
ω	Anregungskreisfrequenz	s^{-1}
ω_P	Plasmafrequenz	s^{-1}

1 Einführung

1.1 Motivation und Ziele der Computersimulation in der CO_2-Laserentwicklung

Wachsende Ansprüche an Auskoppelleistung und Strahlqualität von Hochleistungsgaslasern für den Einsatz in der Materialbearbeitung [1] bei gleichzeitig niedrigen Investitions- und Betriebskosten erfordern schnelle und zuverlässige Methoden der Vorprojektierung. Hier wird der Laserentwicklung durch die diversen Simulationsmodelle ein wertvolles Instrumentarium angeboten, das ein Einfließen optimaler Betriebsparameter bereits in der Auslegungsphase neuer Lasersysteme ermöglicht. Über eine Variation der technischen Vorgaben für Gasaufbereitung und Eingangsleistungsbereitstellung lassen sich in der Computersimulation neue Entwicklungstendenzen kostengünstig verfolgen und wenig erfolgversprechende Konzepte von vorneherein ausschließen.

Aus diesen Gründen wurde die theoretische Simulation frühzeitig mit der Entwicklung des Lasers und seinem verstärkten Einsatz in den verschiedenen Disziplinen begonnen. Aus den artverwandten Untersuchungen in den Teilbereichen Entladungsphysik [2], Molekülkinetik und Gasdynamik [3], [4] haben sich die laserspezifischen Rechenmodelle [5] bis [8] entwickelt. Grundlegende Untersuchungen zum Anregungsverhalten und zu den Stabilitätsproblemen der Niederdruckentladung wurden von Nighan et al. durchgeführt [9] bis [14]. Von Smith und Thomson ist ein komplettes Modell für gleichstromangeregte CO_2-Laser in ruhendem Gas hergeleitet worden [15], [16]. Darauf aufbauend sind die theoretischen Studien von Jakoby [17] und Holetzke [7] unter Berücksichtigung der Gasströmung angesiedelt.

Die im Rahmen dieser Arbeit entwickelte Simulationsmethode ermöglicht ein ortsaufgelöstes Erfassen der Interaktion von entladungsphysikalischen, kinetischen und gasdynamischen Vorgängen im aktiven Medium eines längsgeströmten Kohlendioxidlasers mit kontinuierlichem Betrieb. In dem eindimensionalen Modell werden in Strömungsrichtung unter Berücksichtigung des lokalen elektrischen Feldes die Charakteristiken der Niederdruckentladung in der positiven Säule und der energetische Zustand der Moleküle berechnet. Auf diese Weise läßt sich an jedem Ort der Untersuchung größtmögliche Realitätsnähe erzielen. Unter Einbeziehung der Resonatorgeometrie und der Spiegeldaten sind neben den Eigenschaften des laseraktiven Mediums wie Sättigungsintensität und Kleinsignalverstärkung die Laserleistungsdaten erfaßt.

Über den konkret betrachteten Bereich der eigentlichen Strahlquelle hinaus lassen sich aus den Simulationsergebnissen die zur Wiederaufbereitung des Lasergases notwendigen Energien abschätzen und die einzelnen Strömungskomponenten im Hinblick auf minimale Verluste optimieren. Kühler und Pumpe müssen entsprechend dem Druckverlust und der

Erwärmung des Gases im Resonator ausgelegt werden [18]. Erhöhte Gasaufheizung in der Kavität erfordert einen verstärkten Kühlaufwand und steigert durch erhöhte Geschwindigkeit den Druckverlust im nachfolgenden Strömungsabschnitt. Die Pumpenauslegung ist ihrerseits darauf abzustimmen. Solange neue Überlegungen der Systemkonfiguration, die auf eine Eliminierung von Einrichtungen zur Gasumwälzung abzielen [19], nicht verifiziert werden können [20] oder für den technischen Einsatz noch nicht zur Verfügung stehen [21], sind Energieaufwendungen für Pumpen und Kühler ein wesentlicher Faktor in der Kostenkalkulation der Systeme.

Unter dem Aspekt der Kosteneinsparung bei Laserentwicklungsvorhaben, aber auch wegen ihrer Schnelligkeit und Zuverlässigkeit, bietet sich die Simulationsrechnung dort an, wo grundlegend neue Tendenzen gesucht werden oder die Verbesserung bestehender Systeme eingefordert wird. Die Computersimulation kann sowohl versuchsbegleitend wie auch versuchsbestimmend eingesetzt werden. In jedem Fall führt sie zu einer gezielten Auswahl der notwendigen Experimente. Für bereits existierende Lasersysteme bietet sie Orientierungshilfen bei Modifikationsvorhaben. Mit der Fähigkeit, einen schnellen Überblick über die Auswirkungen geänderter Systemparameter zu gewähren, ist sie darüberhinaus als autarkes Instrument der Laserentwicklung anzusehen.

Damit stellt die vorliegende Arbeit eine effiziente und kostengünstige Methode zur Prognostizierung der Laserleistungsdaten und zur Beurteilung von Systemparametern vor. Konzeption und Einsatzmöglichkeiten des theoretischen Verfahrens sind in den Kapiteln 1 bis 7 dargelegt. Auf eine kurze Einführung in die Problematik des Strömungslasers, Kapitel 1, und in die physikalischen Zusammenhänge im laseraktiven Medium, Kapitel 2, folgt die Vorstellung der Modellierungsmethodik in Kapitel 3. Die verschiedenen Simulationsmöglichkeiten sind in Kapitel 4 aufgeführt. Dabei wird die Notwendigkeit der ortsaufgelösten Betrachtung aller an der Strahlerzeugung beteiligten Prozesse nachgewiesen. Kapitel 5 zeigt die Verknüpfung theoretischer und experimenteller Untersuchungen im Laserentwicklungsprozeß und erläutert die Vorteile und Grenzen der Simulation. Im darauffolgenden Kapitel werden die Einflüsse der Gasdynamik und des elektrischen Feldes auf die Effizienz der Inversionserzeugung behandelt und eine Wertung des laseraktiven Mediums vorgenommen. Abschließend ist in Kapitel 7 überprüft, ob diese aus den Verstärkungseigenschaften gewonnenen Leistungsdaten für die Auslegung längsgeströmter CO_2-Laser herangezogen werden können. Dazu werden Werte der tatsächlich ausgekoppelten Laserleistung, resultierend aus der Simulation des Oszillatorbetriebs, mit den Ergebnissen aus den Näherungsverfahren verglichen.

In der Simulation der laseraktiven Prozesse unter Einfluß des Strahlungsfeldes lassen sich Resonatorgeometrie, Gasdynamik und eingekoppelte elektrische Leistung in ihrem Zusammenwirken über die Auskoppeldaten sofort qualifizieren und, bei Bedarf, bereits in der vorexperimentellen Phase modifizieren.

1.2　Arbeitsprinzip und funktionaler Aufbau des CO_2-Strömungslasers

Die Laseraktivität des CO_2-Lasers mit einem Gasgemisch aus Helium, Stickstoff und Kohlendioxid basiert auf der Möglichkeit, eine Besetzungsumkehr zwischen den Schwingungsmoden des Kohlendioxid zu erzeugen [22] bis [24]. Die Besetzungsdifferenz wird in stimulierter Emission abgebaut, die freiwerdende Energie verstärkt die elektromagnetische Welle beim Durchgang durch das Medium. Um die Inversion trotz des Emissionsprozesses aufrecht zu erhalten, muß dem Lasergas permanent Energie zugeführt werden. Die relaxierten Kohlendioxidmoleküle sind dadurch einem erneuten Anregungsprozeß unterworfen. Die beiden weiteren Komponenten des Gasgemischs unterstützen die Inversionserzeugung, der Stickstoff durch Energietransfer in das obere Laserniveau und die Heliumatome durch Energieentzug aus dem unteren Laserniveau.

Die CO_2-Laser der Multikilowattklasse für industrielle Anwendungen sind elektrisch angeregt. Wegen ihres Stabilitätsverhaltens hat sich trotz des Aufwands für die Generatoren die Hochfrequenzentladung gegenüber der Gleichstromentladung weitgehend durchgesetzt. Zwar kommen gleichstromangeregte Laser ohne Sendegeneratoren aus, jedoch bedarf es eines aufwendigen Systems von Kompensationswiderständen zur Stabilisierung des elektrischen Feldes [25]. Die Energieeinkopplung erfolgt in einer selbständigen Entladung transversal zur optischen Achse, im Falle von Gleichstromanregung in einzelnen Systemen auch longitudinal. Die Homogenität der Entladung entlang der optischen Achse und senkrecht dazu kann über die Elektrodengeometrie und bei Wechselstromanregung [1] zusätzlich über das Dielektrikum [26] optimiert werden.

Bei hohen ausgekoppelten Leistungen und einem Laserwirkungsgrad von etwa 20 % muß eine Verlustenergie vom vierfachen Wert der Auskoppelenergie aus dem Resonatorraum abgeführt werden. Dies geschieht konvektiv in einer Unterschallströmung, die in Folge der Verlustwärme in Strömungsrichtung an Geschwindigkeit und Temperatur zu- und deren Druck abnimmt. Um Dauerstrichbetrieb zu gewährleisten, muß sich im Resonator eine stationäre Strömung einstellen. Dazu ist eine Aufbereitungsanlage für die Rückkühlung des Gases und für die Druckrückgewinnung außerhalb des Resonators notwendig. Erst diese Kompensation der Zustandsänderungen ermöglicht einen kontinuierlichen Laserbetrieb mit definierten Leistungsdaten.

Abhängig von der Strömungskonzeption lassen sich die Laser in zwei Gruppen einteilen:

  a) Längsgeströmte Laser mit vorwiegend schneller Gasströmung im Entladungsbereich
     und zur optischen Achse parallelem Strömungsverlauf und

---

[1] Unter Wechselstromanregung sind elektrische Entladungen mit Anregungsfrequenzen vom Bereich der stillen Entladung bei einigen Hundert Kilohertz über die Hochfrequenzentladung bis zur Mikrowellenentladung im Gigahertzbereich zusammengefaßt.

b) quergeströmte Laser mit langsamer Durchströmung senkrecht zur Ausbreitungsrichtung des Strahlungsfeldes.

Im Hochleistungsbereich sind heute beide Konzepte im Einsatz. Die Intention, im quergeströmten Laser bei geringeren Druckverlusten im Entladungsraum höhere Leistungsdichten umsetzen zu können, hat in der kommerziellen Realisierung nicht die entsprechende Würdigung gefunden. Daher teilen sich die beiden Strömungskonzepte den Markt gleichrangig. Im Falle des längsgeströmten CO_2-Lasers verlaufen optische Achse und Strömungsachse parallel, so daß sich gasdynamische Effekte der Intensitätsentwicklung über große Strecken überlagern.

Bild 1.1 [27] verdeutlicht, daß die eigentliche Strahlquelle das geringste Volumen des La-

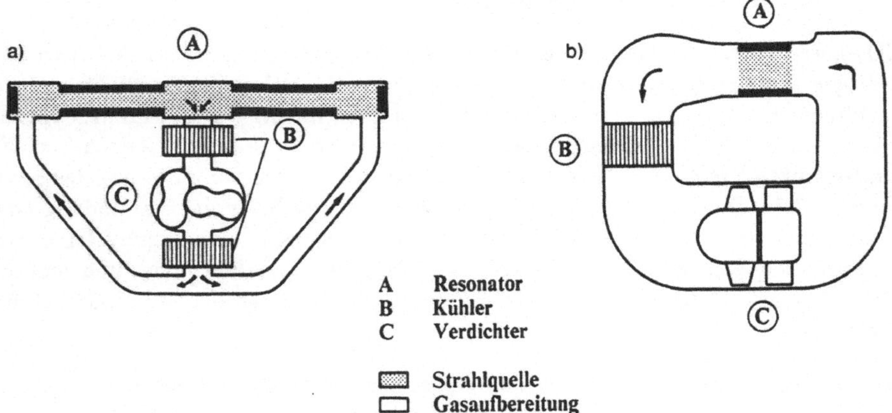

Bild 1.1: **Schematischer Aufbau eines a) längsgeströmten und eines b) quergeströmten CO_2-Lasers**

sers ausmacht. Weit mehr Raum nehmen die Komponenten für die Gasaufbereitung zur Kompensation der Verlustprozesse ein. Die großvolumigen Rootspumpen sind in neueren Konzepten längsgeströmter Laser durch die wesentlich kompakteren und effizient arbeitenden Radialgebläse ersetzt. Eine optimierte Kühlerauslegung reduziert ebenfalls das Bauvolumen. Gleichzeitig mit dem Volumen werden durch die besseren Wirkungsgrade der neuen Komponenten Betriebskosten eingespart.

Bild 1.2 zeigt den Energiefluß im Medium [19]. Etwa 80 % der bereitgestellten Leistung gehen in Form von Wärme an die Translation des Gases verloren und bedingen den technischen Aufwand zur Gasaufbereitung. Die Höhe der auskoppelbaren Laserleistung hängt wesentlich davon ab, wieviel von der zugeführten elektrischen Leistung tatsächlich in Vibrationsanregung der Moleküle umgesetzt werden kann. Damit ist ein guter Anregungswirkungsgrad eine erste Voraussetzung für Lasersysteme im Hochleistungsbereich. Eine

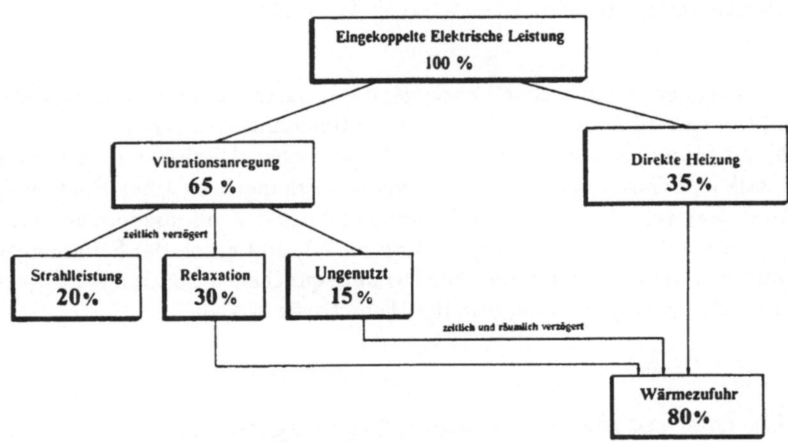

Bild 1.2: **Prozentuale Energieverteilung im Medium**

hohe Leistungsausbeute bei guter Strahlqualität wird durch die optimale Auslegung der Strahlquelle mit den 'aktiven Komponenten' elektrische Anregung, laseraktives Medium und Resonatorkonzept - im einfachsten Fall bestehend aus vollreflektierendem Endspiegel und teildurchlässigem Auskoppelspiegel - garantiert.

Um bei kleinem Bauvolumen und in Folge hoher Einkoppelleistungen großem Entladungsvolumen eine gute Fokussierbarkeit des Laserstrahls zu gewährleisten, sind die Resonatoren längsgeströmter Hochleistungslaser gefaltet. Dies bedeutet, daß der Strahl über Umlenkspiegel durch eine Anzahl optisch seriell und strömungsmechanisch parallel geschalteter Entladungsstrecken, siehe Bild 1.1a, geführt wird, die in einen thermomechanisch stabilisierten Aufbau eingebunden sind. Quergeströmte Laser werden modular in Serie angeordnet.

Die weiteren Ausführungen befassen sich ausschließlich mit den energetischen Vorgängen innerhalb der Strahlquelle. Es wird das mikroskopische und makroskopische Verhalten des laseraktiven Mediums bezüglich seiner verstärkenden Eigenschaften und unter dem Einfluß eines Strahlungsfeldes untersucht. Optische Aspekte sind dort berücksichtigt, wo sie direkt das Medium beeinflussen.

2 Physik des laseraktiven Mediums

Die Beschreibung der energetischen Vorgänge, die im laseraktiven Medium eines elektrisch angeregten, längsgeströmten CO_2-Lasers mit kontinuierlichem Betrieb zur Erzeugung von Laserstrahlung führen, stützt sich auf die physikalischen Disziplinen Entladungsphysik, Molekülkinetik und Gasdynamik. Sind die Wechselwirkungen zwischen Photonen und Medium bekannt, Kapitel 2.1, kann deren Entstehung durch das mikroskopische Verhalten von Elektronen, Kapitel 2.2, und Gasteilchen, Kapitel 2.3, und durch das Strömungsverhalten des Mediums, Kapitel 2.4, erklärt werden. Die angesprochenen Zusammenhänge bilden die Grundlage für das in Kapitel 3 dargestellte theoretische Modell.

2.1 CO_2-Laserprinzip und Laserleistungsdaten

Die Strahlerzeugung im CO_2-Laser setzt eine Besetzungsinversion in den Vibrationsniveaus der Kohlendioxidmoleküle voraus. Der Teilchenüberschuß in dem oberen Laserniveau (OL) wird durch stimulierte Emission, Kapitel 2.1.1, abgebaut. Dadurch werden die Teilchen in das tiefer gelegene untere Laserniveau (UL) überführt. Bild 2.1 zeigt in einem vereinfachten Termschema für den CO_2-Laser die wichtigsten Nettoenergieflüsse im laseraktiven Medium. Die freiwerdende elektromagnetische Welle wird beim Durchgang durch das Medium, Kapitel 2.1.2 und 2.1.3, in weiteren Emissionsprozessen verstärkt. Bildet sich zwischen den Resonatorspiegeln eine stehende Welle aus, so beeinflussen sich Strahlungsfeld und laseraktives Medium wechselseitig, Kapitel 2.1.4.

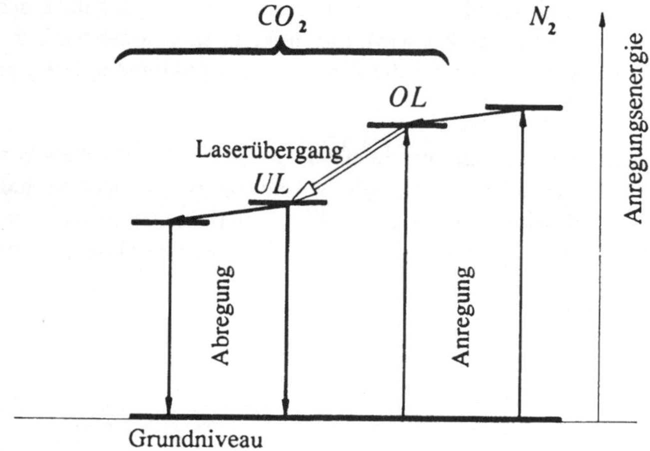

Bild 2.1: **Vereinfachtes Termschema für den** CO_2**-Laser**

Um die Besetzungsdichteinversion trotz des Auftretens stimulierter Emission aufrecht zu-erhalten, muß das obere Laserniveau ständig mit neuen Teilchen 'befüllt' werden, während die Teilchen aus dem unteren Laserniveau 'abfließen'. Das Befüllen geschieht durch unelastische Elektronenstöße in der Entladungszone eines elektrischen Feldes und durch Energieübertragung aus der ersten Stickstoffschwingung. Da sich die Quantenenergien von oberem Laserniveau und der ersten Stickstoffschwingung nur wenig unterscheiden, vollzieht sich dieser Übergang nahezu verlustfrei. Dem unteren Laserniveau stehen zwei Kanäle für eine schnelle Ableitung seiner Energie zur Verfügung. Die Entleerung erfolgt überwiegend über die Biegeschwingung des Kohlendioxids unter Ausnutzen des geringen Energieabstands zwischen den beiden Niveaus [23], [28] oder direkt in die Translation des Gases. Diese effektive Energiezu- und -abfuhr ermöglicht das Aufrechterhalten einer Besetzungsinversion auch dann, wenn ein starkes Strahlungsfeld vorliegt.

Seine Einsatzmöglichkeit im Hochleistungsbereich verdankt der CO$_2$-Laser dem vergleichsweise geringen Energieaufwand für das Pumpen des oberen Laserniveaus bei einem hohem Pumpwirkungsgrad

$$\eta_P = \frac{E_P}{E_I}, \qquad (2.1)$$

der ein Verhältnis von im Pumpprozeß aktiver Energie E_P zur gesamt zugeführten elektrischen Energie E_I von etwa 60 % liefert und einem ebenfalls hohen Quantenwirkungsgrad

$$\eta_Q = \frac{h\nu^*}{E_P} \qquad (2.2)$$

von 43.6 % [29], [27], mit dem Planckschen Wirkungsquantum h und der Resonanzfrequenz der Laserstrahlung ν^*. Die in den Schwingungsmoden verbleibende Energie wird zeitlich und räumlich verzögert in Relaxationsprozessen abgebaut und in Wärme umgewandelt.

2.1.1 Wechselwirkung zwischen Strahlung und Teilchen

Die Wechselwirkung von Photonen mit schweren Teilchen tritt in drei verschiedenen Prozessen auf, in der spontanen und der induzierten oder erzwungenen Emission und in Absorptionsvorgängen. Die Übergänge unterscheiden sich in Ursache und Wirkung ihres Auftretens und in den Anforderungen an das betroffene Medium.

1. **Die spontane Emission**, Bild 2.2, ist von rein statistischem Charakter. Nach einer mittleren Relaxationszeit τ_{sp} von etwa 5.7 Sekunden (Kohlendioxid bei einer Temperatur von 450 K [30]) finden Übergänge von den höheren zu den niedrigeren Energieniveaus unter Aussendung einer ungerichteten Strahlung statt. Das Auftreten spontaner Emission ist nicht an eine Besetzungsinversion gebunden. Die Intensität

der frei werdenden Strahlung

$$I_{sp} \sim \frac{N_g}{\tau_{sp}} \qquad (2.3)$$

verhält sich proportional zur Besetzungsdichte N_g des betroffenen Energieniveaus g.

2. **Die Absorption**, Bild 2.2, vollzieht sich in einem Medium im thermodynamischen Gleichgewicht. Eine in ein Medium mit thermischer Besetzung eingestrahlte Welle ist in der Lage, den Energieinhalt eines Teilchens um den Betrag ihrer Quantenenergie

$$E_Q = h\nu^* \qquad (2.4)$$

zu erhöhen. Der Absorptionsvorgang schwächt die einfallende Strahlung ab. Der Betrag dieser Abschwächung ist abhängig von der eingestrahlten Intensität I_0, der Länge al_A des durchstrahlten Mediums und dem Absorptionskoeffizienten α:

$$\frac{I_{l_A}}{I_0} = exp[-\alpha l_A] \, . \qquad (2.5)$$

Dabei bezeichnet I_l die Intensität nach Durchlaufen eines aktiven Mediums der Länge l. Der Absorptionskoeffizient α beinhaltet die Besetzungsdichten der beteiligten Energieniveaus N_f und N_g mit $N_f > N_g$, siehe Bild 2.2, sowie die Wahrscheinlickeit σ_{stim} des Absorptionsprozesses unter den vorliegenden physikalischen Bedingungen. Wegen

$$\alpha = \sigma_{stim}(N_f - N_g) \qquad (2.6)$$

wächst α mit der Differenz der Besetzungsdichten.

3. **Die stimulierte Emission**, Bild 2.2, ist der direkte Umkehrprozeß zur Absorption. Sie setzt Besetzungsumkehr im Medium voraus. Ein Strahlungsfeld wird beim Durchgang durch ein Medium mit Besetzungsinversion kohärent und phasentreu verstärkt. Dabei erzwingt eine eingestrahlte Welle, deren Quantenenergie $E_Q = h\nu^*$ der Energiedifferenz der beteiligten Energieniveaus ΔE_{fg} entspricht, den Übergang eines Teilchens vom höheren zum niedrigeren Niveau unter Aussendung einer gerichteten Strahlung. Die Intensitätssteigerung läßt sich mit Gleichung (2.5) beschreiben, wobei nun mit $N_f < N_g$ der Absorptionskoeffizient einen negativen Wert annimmt. Für die erzwungene Emission ist der Verstärkungskoeffizient

$$g_0 = -\alpha = \sigma_{stim}(N_g - N_f) \qquad (2.7)$$

als die negative Form des Absorptionskoeffizienten α definiert:

Damit ergibt sich für die Verstärkung einer eingestrahlten Welle mit der Intensität I_0 nach Durchlaufen des laseraktiven Mediums der Länge l_A

$$\frac{I_{l_A}}{I_0} = exp[g_0 l_A] \, . \qquad (2.8)$$

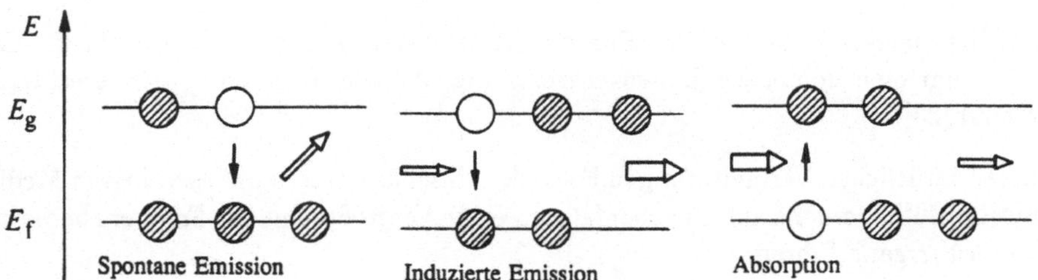

Bild 2.2: **Strahlungsübergänge**

Bei der Betrachtung diskreter Energieniveaus kann die Quantenenergie der emittierten Strahlung einer eindeutigen Frequenz $\nu^* = \Delta E_{fg}/h$ zugeschrieben werden. Tatsächlich sind die Energieniveaus jedoch in Folge ihrer endlichen Lebensdauern nicht beliebig scharf, Bild 2.3. Die ausgesandte Strahlung überdeckt einen Frequenzbereich mit definierter Inten-

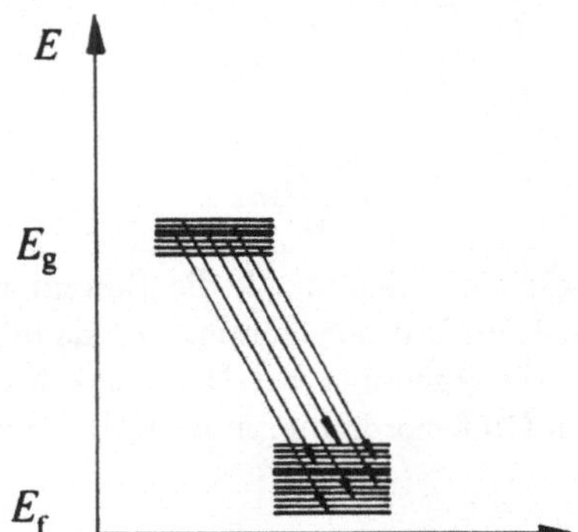

Bild 2.3: **Unschärfe der Energieniveaus**

sitätsverteilung. Der Wert ν^* ist die Resonanzfrequenz des Übergangs. Die Intensitätsverteilung in Abhängigkeit von der Frequenz $I(\nu)$ folgt der Lorentzfunktion

$$f_N^I(\nu) = \frac{\Delta \nu_N}{2\pi(\nu - \nu^*)^2 + \Delta \nu_N^2} \tag{2.9}$$

mit der Bedingung

$$\int_0^\infty f_N^I(\nu) = 1. \tag{2.10}$$

Die Halbwertsbreite $\Delta \nu_N$ ist definiert als die Linienbreite bei dem halben Wert der Maximalintensität $I(\nu^*)$

$$\Delta \nu_N = \frac{1}{2\pi}\left(\frac{1}{\tau_f} + \frac{1}{\tau_g}\right), \tag{2.11}$$

mit den Lebensdauern τ_f und τ_g der Energieniveaus f und g und der Kreiszahl π. Es handelt sich um eine homogene Linienverbreiterung, da alle Teilchen 'gleichberechtigt' betroffen sind [23].

Neben dieser natürlichen Verbreiterung in Folge der Unschärfe treten im laseraktiven Medium zwei weitere Phänomene auf, die ebenfalls zu einer Vergrößerung des Frequenzbereichs für den Laserübergang führen.

Die **Dopplerverbreiterung** wird initiiert durch die thermische Bewegung der Teilchen. Da hier die Resonanzfrequenzen der einzelnen Teilchen einer Gaußverteilung unterliegen, wird der Frequenzbereich der resultierenden Gesamtstrahlung inhomogen verbreitert [31]. Die Intensitätsverteilung, ausschließlich verursacht durch die Dopplerverbreiterung, folgt der Funktion

$$f_D^I(\nu) = \frac{2}{\Delta\nu_D}\sqrt{\frac{ln2}{\pi}}\ exp[-\left(\frac{2(\nu-\nu^*)}{\Delta\nu_D}\sqrt{ln2}\right)^2],\qquad(2.12)$$

mit

$$\int_0^\infty f_D^I(\nu) = 1 \qquad(2.13)$$

und der Halbwertsbreite für die Dopplerverbreiterung

$$\Delta\nu_D(T) = \frac{2\nu^*}{c}\sqrt{\frac{2kT}{M}ln2}\ . \qquad(2.14)$$

Es bedeuten c die Lichtgeschwindigkeit im Medium, k die Boltzmannkonstante und M die Atom- oder Molekülmasse. Die Gaußfunktion kommt nur dann zum Tragen, wenn die natürliche Linienverbreiterung klein gegenüber der Dopplerverbreiterung ist. Liegen beide Verbreiterungen in der gleichen Größenordnung, müssen die einzelnen Linienformen überlagert werden.

Die Dopplerverbreiterung ist in CO_2-Lasergasgemischen bis zu einem Druckbereich von etwa 15 mbar von primärem Einfluß. In höheren Druckbereichen treten verstärkt Stoßprozesse auf, die der natürlichen Linienbreite eine ebenfalls homogene **Druckverbreiterung** überlagern. Der Intensitätsverlauf durch Druck- oder auch Stoßverbreiterung folgt wie die natürliche Verbreiterung der Lorentzfunktion mit der Halbwertsbreite

$$\Delta\nu_P(p,T) = \sum_s \frac{N_s\sigma_{Stoss}^s}{\pi}\sqrt{\frac{8kT}{\pi\mu_s}}\ . \qquad(2.15)$$

Damit steht σ_{Stoss}^s für den Stoßquerschnitt der Teilchen N_s. Der Index s isoliert die verschiedenen Komponenten,

$$\mu_s = \frac{M_sM_S}{M_s + M_S} \qquad(2.16)$$

ist die reduzierte Molekülmasse mit der Teilchenmasse M_s für die Spezies s und der Teilchenmasse M_S für den Stoßpartner. Für die üblicherweise vorherrschenden thermodynamischen Bedingungen (Druck um 100 mbar, Temperatur bei 400 K) im längsgeströmten

CO_2-Laser gilt:

$$\Delta\nu_N \ll \Delta\nu_D \le \Delta\nu_P .\qquad(2.17)$$

Obwohl die drei Verbreiterungsarten gemeinsam auftreten, ist die natürliche Verbreiterung

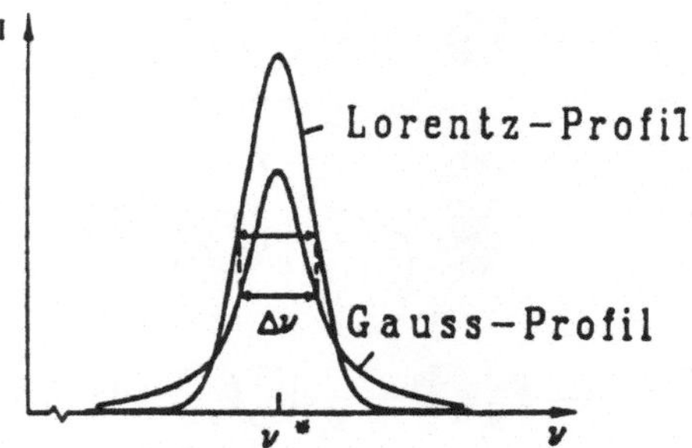

Bild 2.4: **Linienformen bei homogener und inhomogener Verbreiterung**

gegenüber der Dopplerverbreiterung und der Stoßverbreiterung vernachlässigbar klein. Für
Druckbereiche bis etwa 50 mbar überlagern sich beide Verbreiterungsarten zu einem Voigt-
profil [32]. Bei Drücken oberhalb 50 mbar dominiert die Stoßverbreiterung die Linienform.

2.1.2   Inversion und Inversionserzeugung

Während das zweiatomige Stickstoffmolekül nur eine Schwingungsform (v) aufweist, stehen
dem dreiatomigen, linearen Kohlendioxid drei Schwingungsformen zur Verfügung [30], siehe
Bild 2.5:

a) die symmetrische Längsschwingung (i,0,0),

b) die zweifach entartete Biegeschwingung (0,jj',0) und

c) die unsymmetrische Längsschwingung (0,0,k),

mit den Eigenfrequenzen $\nu_i = 4 \cdot 10^{13}$ Hz, $\nu_{j,j'} = 2 \cdot 10^{13}$ Hz und $\nu_k = 7 \cdot 10^{13}$ Hz und den
Quantenzahlen i, j, j', k. Zwischen den jeweils ersten Energieniveaus des symmetrischen
und des asymmetrischen Vibrationsmodes vollzieht sich der Laserübergang mit einer Resonanzfrequenz von $\nu^* = 2.83 \cdot 10^{13}$ Hz in stimulierter Emission unter Abbau der Besetzungsinversion.

Die inneren Freiheitsgrade eines Gases im thermodynamischen Gleichgewicht sind entsprechend der Gastemperatur angeregt. Im absoluten Nullpunkt der Temperatur befinden

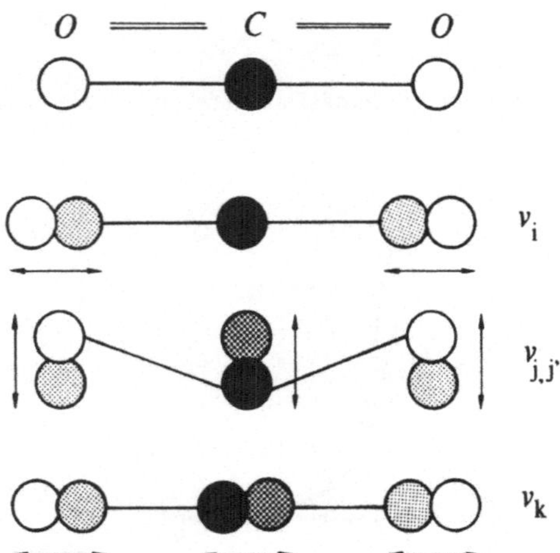

Bild 2.5: **Schwingungsmoden des CO_2-Moleküls**

sich alle Teilchen im Grundniveau. Mit steigender Temperatur erhöht sich der Energie-
inhalt der Moleküle und eine wachsende Anzahl von Teilchen besetzt die höhergelegenen
Energiezustände. Es stellt sich eine thermische Besetzung der Energieniveaus ein, wie in
Abbildung 2.6 gezeigt. Die Besetzungsdichten der diskreten Energieniveaus f werden durch

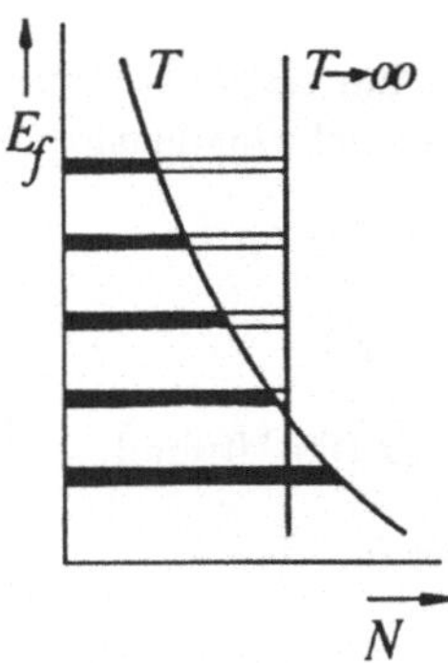

Bild 2.6: **Thermische Besetzung der Energieniveaus**

die Boltzmannsche Besetzungsverteilung

$$N_f = N_0 \, \frac{\varrho_f}{\varrho_0} \, exp[-\frac{E_f}{kT}] \qquad (2.18)$$

beschrieben. Die Teilchendichten im Grundniveau und im f-ten Energieniveau sind durch
N_0 und N_f gegeben, ϱ_0 und ϱ_f bezeichnen die statistischen Gewichte. Im Exponenten

bedeuten E_f die Anregungsenergie für das f-te Niveau, k die Boltzmannkonstante und T die Gastemperatur. Wird die Temperatur über den Wert in Bild 2.6 erhöht, steilt sich die Begrenzungskurve der Besetzungsdichten N auf, bis sie im Grenzfall für T → ∞ vertikal verläuft. Man spricht von Gleichbesetzung, wenn das Produkt aus Teilchendichte N und statistischem Gewicht ϱ für jedes Energieniveau gleich ist. Eine Besetzungsumkehr, so daß ein höheres Energieniveau stärker besetzt ist als ein tiefer gelegenes, ist im thermodynamischen Gleichgewicht nicht möglich.

Wird das Gas durch eine äußere Einwirkung, im Fall des elektrisch angeregten CO_2-Lasers durch Energiezufuhr in selektive Anregungszustände, in einen Ungleichgewichtszustand überführt, läßt sich Besetzungsinversion, Bild 2.7, erreichen. Die höheren Energieniveaus werden stärker besetzt als die niedriger gelegenen. Die Besetzungsdichten der einzelnen Niveaus sind nicht mehr durch die Boltzmannstatistik mit der Gastemperatur als charakterisierender Größe erfaßbar.

Innerhalb der Energieniveaus eines isolierten Modes stellt sich jedoch ein stationäres Gleichgewicht und damit eine definierte Verteilungsfunktion ein

$$N_g = N_f \, \frac{\varrho_g}{\varrho_f} \, exp[-\frac{E_g - E_f}{kT^*}] \,, \tag{2.19}$$

die sich an der von der Gastemperatur abweichenden charakteristischen Temperatur T^* orientiert.

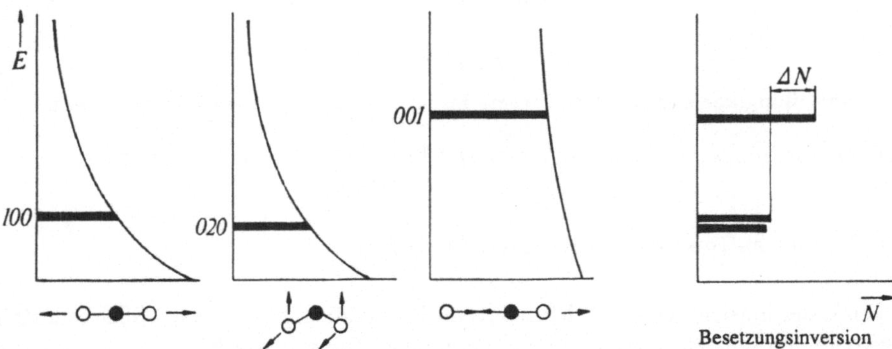

Bild 2.7: **Besetzungsumkehr zwischen den Energieniveaus der CO₂-Schwingungsmoden**

Die Zufuhr von Energie zur Erzeugung der Inversion kann neben der elektrischen Anregung durch optisches Pumpen, chemische Anregung und resonante Energieübertragung erfolgen [27]. In jedem Fall wird nur ein bestimmter Anteil der zugeführten Energie E_I tatsächlich in dem Anregungsprozeß aktiv. Die Effizienz der gewählten Anregungsart wird in dem Pumpwirkungsgrad beschrieben.

Im Falle der elektrischen Anregung wird ein Teil der von den Elektronen im elektrischen Feld aufgenommenen Energie über unelastische Stöße an die schweren Teilchen weitergegeben. Der überwiegende Energieanteil führt zur Vibrationsanregung, weniger Energie verbleibt in elektronischer Anregung und Ionisationsprozessen sowie in der direkten Aufheizung des Lasergases. Weitere Bruchteile der Energie führen zur Anlagerung freier Elektronen an die Moleküle. Eine quantitative Darstellung dieses Zusammenhangs ist Bild 2.8 nach [33] zu entnehmen. Die mikroskopischen Vorgänge bei der Umsetzung der elektrischen

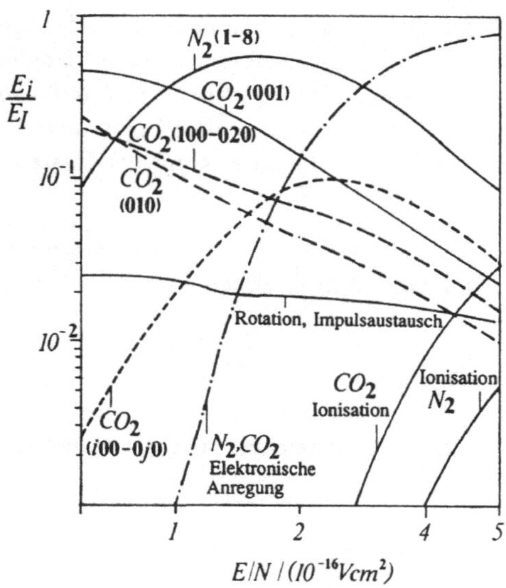

Bild 2.8: **Aufteilung der zugeführten Energie E_I auf die verschiedenen Energieformen i**

Energie in Anregungsenergie der schweren Teilchen sind in Kapitel 2.2 dargelegt.

2.1.3 Eigenschaften des laseraktiven Mediums

Um einen Laser hinsichtlich seiner Effizienz und Einsatzmöglichkeit zu qualifizieren, stehen energetische und optische Parameter zur Verfügung. Die primäre Klassifikation geschieht nach der ausgekoppelten Laserleistung gefolgt von der hier nicht näher ausgeführten Analyse der Strahlqualität [27] [34] [35]. Unabhängig vom gewählten Resonatoraufbau ist eine Aussage über die Qualität des laseraktiven Mediums (LAM) ein erster Hinweis für die zu erwartende Leistungsfähigkeit eines Systems. In diesem und allen weiteren Kapiteln ist das laseraktive Medium als das angeregte Lasergasgemisch zu verstehen. Seine Beurteilung entspricht einer gleichzeitigen Aussage über die Wahl von Gaszustand und Gaszusammensetzung und der Anregungsform und -konfiguration. Als Folge dieser kombinierten Einflußnahme von Gas und Anregung definiert sich die maximal mögliche Laserleistungsdichte im ruhenden, unendlich ausgedehnten Medium

$$P_{max}^{vol} = I_s \cdot g_0 \qquad (2.20)$$

über die Sättigungsintensität I_s und den Koeffizienten der Kleinsignalverstärkung g_0 . Daraus läßt sich die im laseraktiven Medium maximal erreichbare Laserleistung P_{max} ableiten. Dieser Wert wird in guten Resonatorkonzepten durch die tatsächlich ausgekoppelte Leistung um 60 % bis 80 % [27] angenähert.

Als ein direktes Maß für die im Medium erzielbare Besetzungsumkehr ist der Koeffizient der Kleinsignalverstärkung

$$g_0 = \sigma_{stim}\,\Delta N_{I_c \approx 0} \qquad (2.21)$$

definiert als der Koeffizient der Verstärkung einer eingestrahlten Welle mit infinitesimal kleiner Intensität I_c, so daß sie die Inversion ΔN nicht stört. Der Wirkungsquerschnitt

$$\sigma_{stim} = \frac{\lambda^2}{4\pi^2\,\Delta\nu\tau_{sp}} \qquad (2.22)$$

bindet die Größe g_0 über die Wellenlänge λ und die Relaxationszeit für die spontane Emission τ_{sp} an das ausgewählte Medium und über die Halbwertsbreite $\Delta\nu$ an den vorliegenden thermodynamischen Zustand. Die Erzeugung hoher Besetzungsinversionen im Zusammenwirken von Gas und Anregung führt zu hohen auskoppelbaren Leistungen.

Ein resonantes Strahlungsfeld in der Laserkavität verursacht durch erzwungene Emission Inversion und reduziert dadurch die verstärkende Wirkung des laseraktiven Mediums

$$g = \sigma_{stim}\,\Delta N_{I_c \neq 0} \leq g_0\,. \qquad (2.23)$$

Die Sättigungsintensität I_s ist definiert als diejenige Strahlungsintensität I_c in der Kavität, die einen Verstärkungskoeffizienten

$$g = \frac{g_0}{1 + \frac{I_c}{I_s}} \;\Rightarrow\; g = \frac{g_0}{2} \text{ für } I_c = I_s \qquad (2.24)$$

halb so groß wie der Kleinsignalverstärkungskoeffizient impliziert [27]. Sie stellt ein Maß für die Effizienz der Strahlungsintensität bei Oszillatorbetrieb dar. Wechselwirken Strahlungsintensitäten mit dem laseraktiven Medium, die deutlich kleiner als die Sättigungsintensität sind, so erfolgt keine nennenswerte Umwandlung von Anregungsenergie in Strahlungsenergie. Werden Intensitätswerte sehr viel größer als I_s erreicht, wird hingegen die Inversion stark reduziert. Eine hohe Sättigungsintensität in einem Medium läßt daher große Kavitätsintensitäten ohne fatalen Inversionsabbau zu und ermöglicht dadurch hohe Auskoppelleistungen. Die Sättigungsintensität ist abhängig von den Relaxationszeiten des unteren und oberen Laserniveaus, τ_{uL}^{R} und τ_{oL}^{R}, und der Verweilzeit des Teilchens in der Kavität τ_G, die in der Gesamtrelaxationszeit τ^R zusammengefaßt sind [24], [36], [30]

$$I_s = \frac{h\nu^*}{\tau^R\,\sigma_{stim}}\,. \qquad (2.25)$$

2.1.4 Wechselwirkung zwischen Strahlungsfeld und laseraktivem Medium

Die Kavitätsintensität resultiert hauptsächlich aus der stimulierten Emission. Über diesen Prozeß beeinflussen sich Intensität und Verstärkung wechselseitig. In weit geringerem Ausmaß trägt die statistisch auftretende spontane Emission zur Intensitätserhöhung bei, während Beugung an den Spiegeln, Absorption und Streuung im laseraktiven Medium und an den Spiegeln gemeinsam mit dem transmittierten Intensitätsanteil die Intensität in der Kavität herabsetzen. Die Verlustprozesse sind in dem Parameter τ_c, der Lebensdauer eines Photons in der Kavität, zusammengefaßt [16]. Die lokale Abhängigkeit der Intensität von diesen Prozessen wird in der folgenden Differenzialgleichung erfaßt:

$$\frac{dI_c}{dx} = g(x)I_c(x) + \frac{dI_c^{sp}(x)}{dx} - \frac{1}{c\tau_c}I_c(x)\,. \tag{2.26}$$

Der erste und der zweite Term auf der rechten Seite zeigen den Einfluß stimulierter und spontaner Emission, der dritte Term die Verlustprozesse. Der Zusammenhang zwischen Kavitätsintensität I_c, d.h der tatsächlich im Medium vorherrschenden Photonenflußdichte, und der Sättigungsintensität I_s ist durch den Zusammenhang (2.24) festgelegt.

Bei reinem Verstärkerbetrieb wird eine eingestrahlte elektromagnetische Welle durch stimulierte Emission intensitätsverstärkt und verläßt nach einmaligem Durchlaufen des laseraktiven Mediums das System. Durch Implementation der Spiegel in der optischen Achse bildet sich im Lasergas eine stehende Welle aus. Die Intensität wird bei dieser Betriebsart, dem Oszillatorbetrieb, einer Folge von Verstärkungs- und Abschwächungsprozessen unterworfen, die sich nicht mehr ausschließlich aus der Gaskinetik erklären lassen. Die Entwicklung der Intensität im Resonator bei optischer Rückkopplung ist in Bild 2.9 für einen vollständigen Umlauf ausgehend vom Auskoppelspiegel dargestellt. Die Verhältnisse an den Spiegeln lassen sich wie folgt annähern: Im Resonator wird die Strahlung zwischen dem Endspiegel

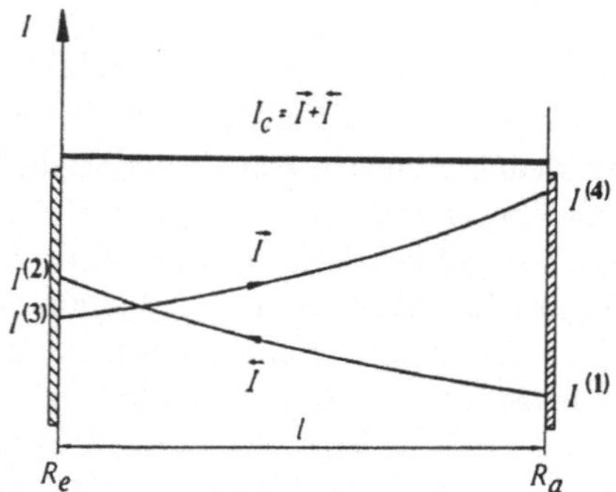

Bild 2.9: **Kavitätsintensität im Oszillatorbetrieb**

(e) und dem Auskoppelspiegel (a) auf ihrem Weg durch das Medium verstärkt. Unter

Vernachlässigung der Verluste und des kleinen Intensitätsanteils aus spontaner Emission ergeben sich, ausgehend von $I^{(1)}$, die Zusammenhänge

$$
\begin{aligned}
I^{(2)} &= I^{(1)} exp(\bar{g}l_A)\,, \\
I^{(3)} &= R_e I^{(2)}\,, \\
I^{(4)} &= I^{(3)} exp(\bar{g}l_A)\,, \\
I^{(1)} &= R_a I^{(4)}\,,
\end{aligned}
\tag{2.27}
$$

mit der über die Länge des laseraktiven Mediums gemittelten Verstärkung $\bar{g}$, so daß letztlich gilt

$$
I^{(1)} = R_e R_a I^{(1)} exp(2\bar{g}l_A)
\tag{2.28}
$$

oder

$$
1 = R_e R_a exp(2\bar{g}l_A).
\tag{2.29}
$$

Neben den Reflexionsgraden R_e des Endspiegels und R_a des Auskopplers geht die Länge l_A des laseraktiven Mediums in die Gleichung ein. Damit ergibt sich die dem Medium von der Resonatorkonfiguration aufgeprägte Verstärkung zu

$$
g^R = - \frac{ln(R_e R_a)}{2l_A}\,.
\tag{2.30}
$$

Die Kombination Medium/Anregung bei vorhandenem Strahlungsfeld muß in der Lage sein, diese vom Resonator geforderte Verstärkung trotz auftretender Verluste durch Streuung und Beugung im Medium zu liefern, um einen Oszillatorbetrieb, d.h. eine stehende Welle im Resonator, zu ermöglichen. Entspricht die Strahlungsintensität im Resonator der Sättigungsintensität, so muß der mittlere Kleinsignalverstärkungskoeffizient den doppelten Wert von g^R, erhöht um die in der Größe γ zusammengefaßten Verluste im Medium, erbringen.

$$
\bar{g}_0 = (\gamma - \frac{ln(R_e R_a)}{2l_A})(1 + \frac{I_c}{I_s})\,.
\tag{2.31}
$$

Die Notwendigkeit eines im Medium erreichbaren mittleren Koeffizienten der Kleinsignalverstärkung $\bar{g}_0$ größer als der vom Resonator geforderte mittlere Verstärkungkoeffizient g^R wird als Anschwingbedingung des Systems bezeichnet, da sie darüber entscheidet, ob mit den gewählten Betriebsparametern Oszillatorbetrieb möglich ist. Ist $\bar{g}_0$ zu klein, kann kein stationärer Oszillatorbetrieb eingeleitet werden.

Die mittlere Intensität im Resonator läßt sich neben den Verfahren nach [37] und [38] aus den Betrachtungen [27] annähern durch

$$
\bar{I}_c = \bar{I}_S \left(\frac{2l_A \bar{g}_0}{2l_A \gamma + ln(\frac{1}{R_e R_a})} - 1 \right)\,,
\tag{2.32}
$$

wovon der Anteil

$$
I_a = \frac{T_a}{R_a + 1}\bar{I}_c
\tag{2.33}
$$

auskoppelbar ist. Die mittlere Sättigungsintensität im laseraktiven Medium ist mit $\bar{I}_s$ bezeichnet. Der Transmissionsgrad des Auskoppelspiegels T_a addiert sich gemeinsam mit dem Reflexionsgrad R_a und den Verlusten V_a durch Absorption, Streuung und Beugung an den Spiegeln [16] zu dem Wert 1. Der Reflexionsgrad des Endspiegels ist mit R_e bezeichnet.

Der Resonatorwirkungsgrad

$$\eta_R = \frac{I_a}{I_s l_A \bar{g}_0} = \frac{T_a}{R_a + 1}\left[\frac{2}{2l_A\gamma - ln(R_a R_e)} - \frac{1}{l_A \bar{g}_0}\right] \tag{2.34}$$

beschreibt den Anteil der auskoppelbaren Leistungsdichte an der im laseraktiven Medium maximal umsetzbaren optischen Leistungsdichte und erreicht in kommerziellen Lasern nach den Abschätzungen aus Gleichung (2.32) und Gleichung (2.33) einen systemabhängigen Wert bis zu 80 % [27].

Durch den Übergang von den im obigen Näherungsverfahren verwendeten mittleren Größen $\bar{I}_c$ und $\bar{g}_0$ auf die Betrachtung der longitudinalen Intensitätsverteilung $I_c(x)$ kann eine exaktere Bestimmung der ausgekoppelten Laserleistung in längsgeströmten Resonatoren erreicht werden. Die ausgekoppelte Laserleistung P_a ergibt sich abhängig von Reflexionsgrad R_a und Querschnittsfläche A_a des Auskoppelspiegels und dem laseraktiven Medium für die Länge des laseraktiven Bereichs $l_A = \int_0^{l_A} dx$ nach [16] zu

$$P_a = -\frac{A_a \, ln(R_a)}{2l_A} \int_0^{l_A} I_c(x) \frac{T_a}{1 - R_a} \, dx \, . \tag{2.35}$$

Diese Gleichung läßt sich mit

$$P_a = I_a A_a \, ,$$
$$\bar{I}_c = \frac{1}{l_A} \int_0^{l_A} I_c(x) \, dx \, ,$$

und der Reihenentwicklung [39]

$$- \, ln(R_a) = - \sum_{n=0}^{\infty} \frac{2(R_a - 1)^{2n+1}}{(2n + 1)(R_a + 1)^{2n+1}} \quad f\ddot{u}r \ \ R_a > 0 \tag{2.36}$$

wieder in Gleichung 2.33 überführen. Damit entspricht das Verhältnis

$$\eta_a = \frac{P_a}{P_{max}} \tag{2.37}$$

von tatsächlich ausgekoppelter Laserleistung P_a zu maximal möglich auskoppelbarer Laserleistung P_{max} dem Resonatorwirkungsgrad η_R.

Abhängig von der Resonatorlänge und den optischen und geometrischen Spiegeldaten wird ein Teil der im Resonator aufgebauten Intensität ausgekoppelt. Ein weiterer Anteil verbleibt in Form von nicht abgerufener Inversion, der Rest geht in Verlustprozessen im Medium und an den Spiegeln verloren.

Die Umwandlung der zugeführten elektrischen Leistung in die maximal mögliche Laserleistung ist in dem Wirkungsgrad

$$\eta_{max} = \frac{P_{max}}{P_I} \tag{2.38}$$

erfaßt. Der Laserwirkungsgrad

$$\eta_L = \frac{P_a}{P_I} \tag{2.39}$$

beschreibt das Verhältnis von ausgekoppelter zu eingekoppelter Leistung und kann im CO_2-Laser Werte bis etwa 20 % erreichen.

Die mikroskopischen Vorgänge bei der Umsetzung der elektrischen Energie in Anregungsenergie der schweren Teilchen sind in dem folgenden Unterkapitel dargelegt.

2.2 Kinetik der elektrischen Anregung

2.2.1 Selbständige Entladung

Voraussetzung für die Homogenität des Strahlungsfeldes in einem elektrisch angeregten CO_2-Laser ist eine ebenfalls homogene Gasentladung. Da schon geringe lokale Unterschiede in der Gasdichte Mode und Fokussierbarkeit des Laserstrahls beeinträchtigen, sind Maßnahmen zur Homogenisierung und Stabilisierung [40] der Entladung notwendig. Darüberhinaus ist zu berücksichtigen, daß eine Besetzungsinversion im laseraktiven Medium nur dann effizient erreicht werden kann, wenn die Gastemperatur einen Wert von 450 K nicht wesentlich übersteigt. Bei höheren Temperaturen wird durch thermische Besetzung des unteren Laserniveaus die Inversionserzeugung erschwert.

Diesem Umstand wird durch Anregung in einer Niederdruckglimmentladung dadurch Rechnung getragen, daß bei dieser Entladungsform einer Elektronentemperatur von 10^4 K eine Gastemperatur von 10^2 K gegenübersteht. Die Energieaufnahme aus dem elektrischen Feld erfolgt nahezu vollständig durch die Elektronen aufgrund ihrer geringen Masse. Ein Energieausgleich zwischen Elektronen und schweren Teilchen kann in Druckbereichen um 100 mbar weder in Stößen noch durch Strahlung erreicht werden [41].

Die Realisierung der elektrischen Anregung erfolgt als Gleichstromglimmentladung oder durch Glimmentladung in Wechselfeldern. Eine schematische Darstellung der Anregungsformen gibt Bild 2.10. Die Gleichstromentladung mit Elektrodenanordnungen transversal oder longitudinal zur optischen Achse muß wegen ihrer negativen Stromspannungscharakteristik durch vorgeschaltete Ballastwiderstände aufwendig und verlustreich stabilisiert werden [40]. Ansonsten führen bereits kleinste thermische Instabilitäten zum Umschlag in eine Bogenentladung mit Gastemperaturen von mehreren Tausend Kelvin. Ein weiterer

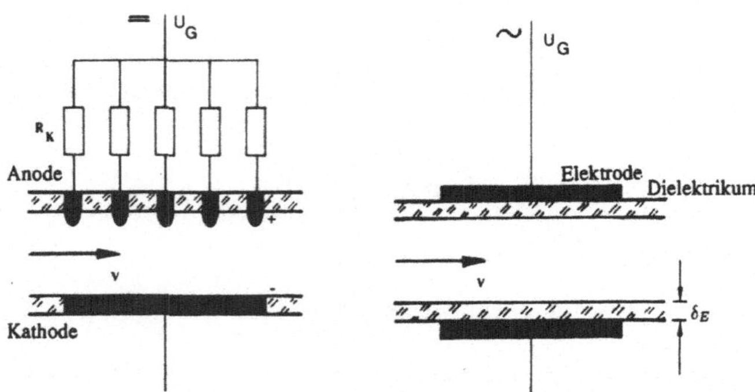

Bild 2.10: **Transversale Energieeinkopplung in einer Gleichstrom- und einer Wechselstromglimmentladung**

Nachteil der Gleichstromanregung liegt in dem direkten Kontakt von Plasma und Elektrodenmaterial. Dies führt langfristig zur Zerstörung der Elektroden und zur Verunreinigung
des laseraktiven Mediums. Die Folge ist eine notwendigerweise erhöhte Gasaustauschra-
te. Bei der ausschließlich transversal und kapazitiv eingekoppelten Wechselstromanregung
sind Elektroden und Plasma durch die Wand des Resonatorrohrs getrennt. Die Stabilisierung der Entladung erfolgt automatisch und verlustfrei durch die Verschiebeströme in der
dielektrischen Schicht der Rohrwand. Das Auftreten thermischer Instabilitäten wird durch
die schnelle Änderung der Feldstärke in Betrag und Richtung erschwert. Die Anregungsfrequenzen liegen im Bereich von 10^2 Hz über die Hochfrequenz bei 10^6 Hz bis hin zur
Mikrowellenanregung von einigen Gigahertz. Nachteilig wirken bei dieser Entladungsform
die kosten- und energieaufwendigen Generatoren.

Zur Vibrationsanregung der Gasmoleküle müssen in der elektrischen Entladung freie Elektronen mit niedrigem Energieinhalt ($\leq$ 1 eV [42]) bei hohen eingekoppelten Leistungsdichten erzeugt werden. Diese gegenläufigen Anforderungen erfüllen die unselbständigen
Entladungen mit vom angelegten Feld unabhängiger Elektronenproduktion. Durch gezielt
ausgelegte Elektronenquellen lassen sich Elektronen niedrigen Energieinhalts produzieren.
Da diese Entladungsform einen hohen technischen Aufwand erfordert, findet sie in indu-
striell genutzten Lasersystemen keine Verbreitung.

In der selbständigen Entladung hingegen müssen die freien Elektronen durch Stöße mit
schweren Teilchen den Ionisationsprozeß selbst einleiten. Dies erfordert neben den niederenergetischen Elektronen für die Vibrationsanregung Elektronen mit hohem Energieinhalt
für die Stoßionisation. Die Ionisierungsenergien für die Gaskomponenten Helium, Stickstoff
und Kohlendioxid liegen bei Werten größer 10 eV [42]. Die hochenergetischen Elektronen
müssen in genügender Anzahl vorhanden sein, um Verlustprozesse zu kompensieren und die
stationäre Entladung aufrecht zu erhalten. Dazu werden Spannungen im Kilovoltbereich
eingesetzt. Trotz der Betriebsweise, die zu Elektronenenergien größer als 1 eV führt, liefert
die selbständige Entladung bei Berücksichtigung des technischen Aufwands den günstigeren

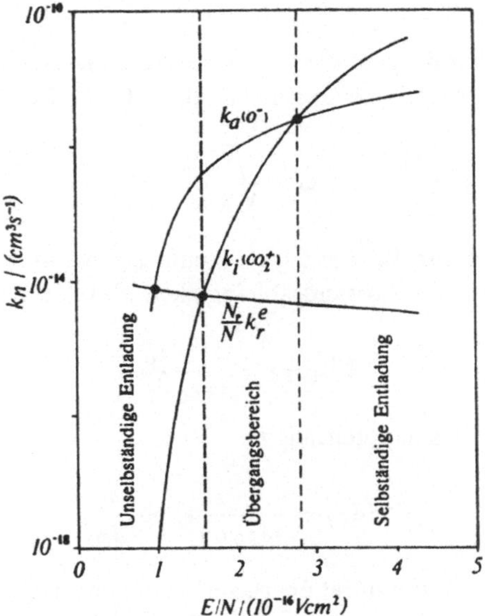

Bild 2.11: **Bereiche selbständiger und unselbständiger elektrischer Entladung**

Gesamtwirkungsgrad und wird daher für industrielle Zwecke eingesetzt. Aus diesem Grund ist die selbständige Entladung Gegenstand der nachfolgenden Betrachtungen.

Neben der elektronenproduzierenden Stoßionisation werden die Entladungseigenschaften durch die Verlustprozesse Elektronenanlagerung und Rekombination, Kapitel 2.2.3, bestimmt. Selbständige Entladung, Bild 2.11, ist dann gewährleistet, wenn die Energie der freien Elektronen ausreicht, um im zeitlichen Mittel die Elektronenverlustprozesse durch Elektronenproduktion zu kompensieren.

2.2.2 Struktur der Glimmentladung

Die Gasentladung ist nicht über den gesamten Bereich zwischen den Elektroden homogen. Es bilden sich unterschiedliche Entladungszonen, Bild 2.12 und 2.13, aus, von denen nur die positive Säule, der Bereich mit im zeitlichen Mittel konstanter Feldstärke, die Plasmabedingung nach Quasineutralität erfüllt. Ein ionisiertes Gas wird als Plasma und damit als quasineutral bezeichnet, wenn seine Debyelänge

$$l_D = \frac{\bar{c}_e}{4\omega_p}\sqrt{\pi} \qquad (2.40)$$

klein ist gegenüber den charakteristischen Abmessungen des Entladungsraums [41]. Dabei schreibt sich die mittlere thermische Geschwindigkeit der Elektronen nach [43]

$$\bar{c}_e = \sqrt{\frac{8kT_e}{\pi m_e}} \tag{2.41}$$

mit der Elektronentemperatur T_e, der Elektronenmasse m_e und der Plasmafrequenz ω_p. Die Debyelänge korrigiert die Abstandsabhängigkeit des für das Vakuum formulierten Coulomb-Potentials

$$V^C(d_T) = \frac{1}{4\pi\varepsilon_0}\frac{e_0}{d_T} \tag{2.42}$$

für die Beschreibung des Plasmapotentials zu

$$V^D(d_T) = \frac{1}{4\pi\varepsilon_0}\frac{e_0}{d_T}exp[-\frac{d_T}{l_D}] \tag{2.43}$$

mit einer dem Coulombschen Potential überlagerten exponentiellen Abstandsabhängigkeit entsprechend der Debyelänge l_D. Dabei sind d_T der Teilchenabstand, e_0 die Elementarladung und ε_0 die elektrische Feldkonstante.

Von den Elektroden ist der Plasmabereich durch die Elektrodenrandschichten mit stark ausgebildeten Raumladungsfeldern und Feldstärkegradienten getrennt. Treten in der positiven Säule Rekombination und Elektronenanlagerung als dominierende Verlustprozesse isotrop auf, sind die Verluste in den Randschichten durch die starke Teilchendrift bedingt, wodurch sich auch die ausgeprägten Raumladungsfelder erklären lassen. Ausdehnung und Einfluß der einzelnen Zonen auf die Entladungseigenschaften sind abhängig von der Gasart, dem thermodynamischen Zustand des Mediums sowie von der angelegten Spannung und in grundlegendem Maße von der Entladungsart.

Bei Gleichstromentladung ist die Randschicht an der Kathode sehr stark ausgedehnt. Sie läßt sich in drei weitere Gebiete untergliedern, Bild 2.12 [44]. Direkt an der Kathode befindet sich der einzige Bereich der Entladung, in dem der größte Teil des Stromes durch den Ionenfluß transportiert wird. Über Stoßprozesse werden Sekundärelektronen aus dem Kathodenmaterial herausgeschlagen, so daß die Entladung auch durch das Elektrodenmaterial bestimmt ist. Die Feldstärke ist durch diese Elektronenproduktion gegenüber der positiven Säule stark erhöht und weist einen ausgeprägten Gradienten auf, bis sie ihren niedrigsten Wert in der Kathodenglimmregion erreicht und in dem anschließenden Faradayschen Dunkelraum auf den konstanten Wert in der positiven Säule ansteigt. Das Verhältnis d/l - notwendig für die Ausbildung eines ausreichend großen Plasmabereichs - wird zusätzlich vom thermodynamischen Zustand des eingeschlossenen Mediums bestimmt. Die Gleichstromentladung wird beim längsgeströmten CO_2-Laser durch die longitudinale Energieeinkopplung oder mittels segmentierter Anoden bei transversaler Einkopplung realisiert. Die Anodenrandschicht ist wesentlich weniger ausgedehnt als die Schicht an der

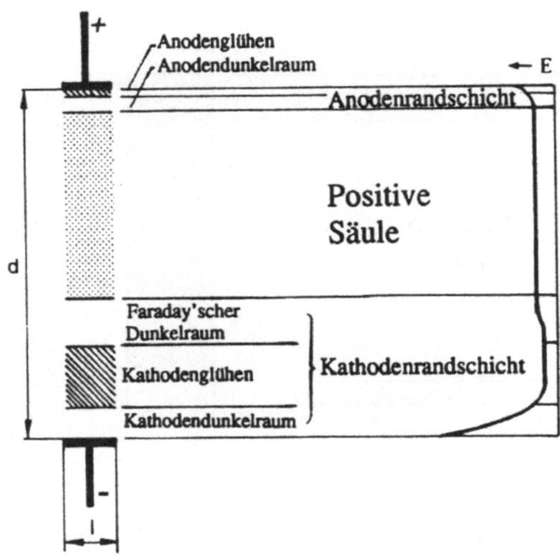

Bild 2.12: **Struktur der Gleichstromglimmentladung**

Kathode, daher ist bei ähnlichen Gradienten der Feldstärke deren Betrag direkt an der
Anode geringer als an der Kathode.

Bei der Wechselstromentladung sind die Randschichten symmetrisch und wechseln mit
der Feldperiode, Bild 2.13 [5]. Die Elektroden sind durch dielektrische Schichten (Quarz,
Luftspalt) der Dicke δ_E von dem eingeschlossenen Gas getrennt. Das Elektrodenmaterial
beeinflußt nicht die Entladung. Sekundärelektronenproduktion findet nicht statt. Bei
hohen Anregungsfrequenzen ist die zwischen den Richtungswechseln des Feldes von den
Elektronen zurückgelegte Strecke sehr klein gegenüber den Abmessungen der Entladung.
Da die Verlustprozesse in den Randschichten von der Teilchendrift dominiert werden, [45]
bis [51], sind die Ladungsträgerverluste deutlich kleiner als bei Gleichstromentladung. Eine
Steigerung der Anregungsfrequenz führt zu einer Reduktion der Randschichtdicken.

Eine erste Abschätzung der Abmessungen von Elektrodenräumen für die Wechselstromanregung liefert die Feldverschiebungsdicke [5]

$$\delta_F^{AC} \le 4\frac{\mu_e N_e}{\omega}\frac{E}{N}, \tag{2.44}$$

die die von den Elektronen zwischen den Feldrichtungswechseln zurückgelegte Strecke an-
gibt. Dabei sind μ_e die Beweglichkeit der Elektronen, N_e die Elektronendichte, ω die
Anregungskreisfrequenz und E/N die reduzierte Feldstärke. Da bei DC-Anregung die
Elektrodenräume für Anode und Kathode unterschiedlich groß sind, wird ein maxima-
ler Wert des Bereiches außerhalb der positiven Säule durch den eineinhalbfachen Wert der
Kathodenrandschicht vermittelt [44].

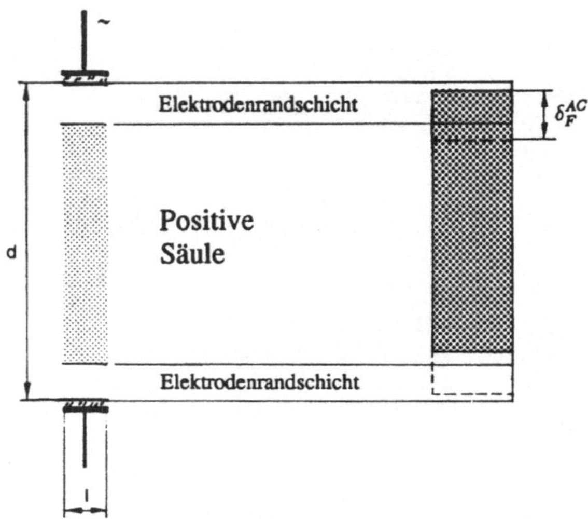

Bild 2.13: **Struktur der Wechselstromglimmentladung**

Die Erzeugung von homogener Laserstrahlung ist an die homogene Entladungsstruktur
innerhalb der positiven Säule gebunden. Daher wird dieser Entladungsbereich in der weiteren Betrachtung ausschließlich behandelt. Da die lokale Verarmung an Ladungsträgern
in den Randschichten sehr hohe Raumladungen bis hin zur Feldemission bewirken kann,
ist ihr Einfluß auf die Anregungseigenschaften dort nicht mehr vernachlässigbar, wo sie in
Folge kleiner Anregungsfrequenzen bzw. bei Gleichstromentladung große Ausdehnungen
besitzen. Die Adaption der hier berechneten Anregungseigenschaften an die Laserkinetik
muß sich daher entweder auf die Behandlung hoher Anregungsfrequenzen oder auf solche
Geometrien beschränken, gegenüber denen die Ausdehnung der Randfelder klein ist.

2.2.3 Stöße und Stoßarten

Die Anregung der schweren Teilchen in die verschiedenen Energieniveaus erfolgt primär in
Stößen mit freien Elektronen. In der Glimmentladung werden drei verschiedene Stoßarten von Elektronen mit schweren Teilchen nach den sie begleitenden Transferprozessen
unterschieden:

- **Elastische Stöße mit Impulsaustausch** zwischen Elektronen und schweren Teilchen,

- **Unelastische Stöße mit Energieübertragung** von den Elektronen an die schweren Teilchen,

• **Superelastische Stöße mit Energieübertragung** von den schweren Teilchen an die Elektronen.

Translatorische Energie wird in elastischen Stößen von den Elektronen an die schweren Teilchen übertragen. Wegen des großen Masseunterschieds der involvierten Teilchen ist diese Energieübertragung gering. Dadurch ändert sich der Geschwindigkeitsbetrag der Elektronen nur wenig, die Geschwindigkeitsrichtung aber sehr stark. Dieser Umstand führt zu einer Isotropisierung der Elektronenverteilung im Entladungsraum. Die Ausrichtung der Elektronen nach dem elektrischen Feld wird abgeschwächt. Bei Wechselstromanregung wird dieser Vorgang durch die Richtungsoszillation der Elektronendrift gefördert. Berücksichtigt man ferner die hohe Stoßfrequenz der Teilchen im Kontinuum, so kann von einer nahezu isotropen Verteilung der Elektronen in der Entladung ausgegangen werden.

Die in den elastischen Stößen zwischen Elektronen und schweren Teilchen übertragene Energie führt zu einer Aufheizung des Lasergases. Die innere Energie der Moleküle bleibt von dieser Stoßart unberührt [41]. In jedem Stoß wird der Bruchteil $2m_e/M_s$ des Elektronenenergieinhalts ausgetauscht. Mit dem Verhältnis von Elektronenmasse m_e zur Masse der schweren Teilchen M_s entspricht dieser einem durchschnittlichen Wert von $3 \cdot 10^{-5}$ eV für die pro elastischem Stoß übertragene Energie. Demgegenüber stehen Energietransferwerte in unelastischen Stößen bis zu $\Delta u = 25\,\mathrm{eV}$ pro Stoß.

Die Anregung der Molekülschwingung, ebenso wie die elektronische Anregung, die Ionisation und die Elektronenanlagerung und Rekombination, erfolgt durch Energietransfer in unelastischen Stößen von freien Elektronen mit nichtangeregten Molekülen. Jeder dieser Übergänge setzt Elektronen eines bestimmten Energieinhalts voraus. Für das Zustandekommen jedes Prozesses existiert eine endliche Wahrscheinlichkeit.

Zur Klasse der elastischen Stöße zählen auch die superelastischen Stöße, in denen Elektronen unabhängig von ihrem Energieinhalt von angeregten Molekülen Energie gewinnen und dadurch beschleunigt werden.

Die Wirkungsquerschnitte für elastische und unelastische Stöße [42] repräsentieren die Wahrscheinlichkeit der Transferprozesse, abhängig von der Elektronenenergie. Bild 2.14 zeigt stellvertretend die Meßwerte der Wirkungsquerschnitte für die Vibrationsanregung des jeweils ersten Energieniveaus der drei Schwingungsmoden des CO_2. Die Energieübertragungsprozesse im Lasergasgemisch zwischen Elektronen und Molekülen sind in [32] und [8] ausführlich dargestellt, die wichtigsten unelastischen Stoßarten zwischen den Elektronen e^- und den schweren Teilchen Φ sind in 2.1 tabelliert. Die mit einem Stern gekennzeichneten Teilchen sind in angeregtem Zustand, die hochgestellten Vorzeichen weisen auf die Ladungsart hin, ϵ entspricht der Elektronenenergie, die mit i oder j indiziert für die jeweiligen Stöße diskrete Werte annehmen muß.

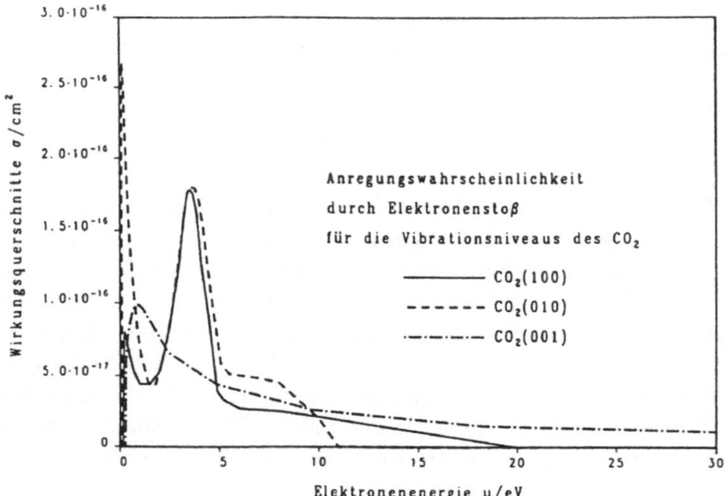

Bild 2.14: **Wirkungsquerschnitte für die Anregung des CO_2-Moleküls**

Reaktion	Stoßart
$e^-(\epsilon_i) + \Phi = \Phi^+ + 2e^-(\epsilon_j)$	Ionisation
$2e^-(\epsilon_i) + \Phi^+ = \Phi^* + e^-(\epsilon_j)$	Dreierstoßrekombination
$e^-(\epsilon_i) + \Phi_2 = \Phi + \Phi^-$	Dissoziative Anlagerung
$e^-(\epsilon_i) + \Phi = \Phi^* + e^-(\epsilon_i - \Delta\epsilon)$	Elektronenstoßanregung
$e^-(\epsilon) + \Phi^* = \Phi + e^-(\epsilon + \Delta\epsilon)$	Elektronenstoßabregung

Tabelle 2.1: **Auswahl der wichtigsten Elektronenstoßprozesse in der Lasergasentladung**

2.2.4   Freie Elektronen

Die Anzahl der in der Stoßionisation gewonnenen freien Elektronen wird in Anlagerungs-
und Rekombinationsvorgängen wieder vermindert, bis sich bei unveränderlichen Randbedingungen ein dem thermodynamischen Zustand und dem elektrischen Feld entsprechen-
des stationäres Gleichgewicht an Elektronenproduktions- und Elektronenvernichtungsprozessen ausbildet. Um Aussagen über die Gleichgewichtslage treffen zu können, sind die
Elektronen nach ihrem Energieinhalt zu spezifizieren.

Das mikroskopische Verhalten der Teilchen wird mit Hilfe der Boltzmanngleichung beschrieben, die in ihrer ursprünglichen Form die Geschwindigkeitsverteilung f von Partikeln im sechsdimensionalen Phasenraum erfaßt [52]

$$\frac{df^e}{dt} = -\sum_j w_e \frac{\partial f^e}{\partial x_j} - \sum_j \frac{F_j}{m_e} \frac{\partial f^e}{\partial w_{e,j}} + \frac{\delta f^e}{\delta t}\Big|_s . \tag{2.45}$$

Die einzelnen Terme berücksichtigen

- die Änderung der Geschwindigkeitsverteilungsfunktion der Elektronen $\partial f^e/\partial t$,

- die Konvektion $w_{e,j}\partial f^e/\partial x_j$,

- den Einfluß äußerer Kräfte $F_j/m_e \cdot \partial f^e/\partial w_{e,j}$ und

- die Stoßvorgänge $\frac{\delta f^e}{\delta t}\big|_s$.

Der Index j verweist auf die drei Richtungen des physikalischen Raums und des Geschwindigkeitsraums, e bezieht die Geschwindigkeitsverteilungsfunktion auf die Elektronen, x ist die Ortskoordinate und w_e die Absolutgeschwindigkeit der Elektronen. Die äußere Kraft F wirkt auf die Elektronenmasse m_e, $\delta f/\delta t|_s$ beinhaltet den Einfluß der Stoßprozesse auf die Verteilungsfunktion. Zwischen der Energie ϵ der Elektronen und ihrer Geschwindigkeit w_e besteht im ruhenden System der einfache Zusammenhang

$$\epsilon = \frac{1}{2} m_e w_e^2 . \tag{2.46}$$

Daraus errechnet sich der Elektronenenergieinhalt in der Einheit Elektronenvolt

$$u_e = \frac{\epsilon}{e_0} \tag{2.47}$$

mit der Elementarladung e_0. Damit ist die Boltzmanngleichung als eine Bestimmungsgleichung für die Elektronenenergieverteilungsfunktion zu interpretieren [16]. Der Zusammenhang zwischen Elektronendichte und Geschwindigkeitsverteilungsfunktion ist durch die Integration über den Geschwindigkeitsraum gegeben:

$$N_e = \int_0^\infty f^e dw_{e,j} . \tag{2.48}$$

Die Elektronenenergieverteilungsfunktion und die Wirkungsquerschnitte σ_f^s für die Anregung von Teilchen der Spezies s in den Energiezustand f bestimmen gemeinsam die Effizienz der Anregung in den Anregungsraten

$$k_{Ms}^e = \sum_{f=1}^\infty \frac{u_{e,fs}}{u_{e,1s}} \sqrt{\frac{2e_0}{m_e}} \int_0^\infty \sigma_f^s(u_e)\, f^e(u_e, \frac{E}{N}, T)\, u_e\, du_e \tag{2.49}$$

der Spezies s für die Moden M. Dabei zählt der Index f die Energieniveaus in einem Mode
M der Spezies s. Die Elektronenenergieverteilungsfunktion repräsentiert sich abhängig von
dem thermodynamischen Zustand der schweren Teilchen entsprechend der Gastemperatur
T und der reduzierten, d.h. der auf die Gesamtteilchendichte N der Atome und Moleküle
bezogenen Feldstärke E/N. Diese Größe bestimmt über die Beschleunigung (e_0E/m_e) der
Elektronen und deren mittlere freie Weglänge ($l_f \sim 1/N$), den Energieinhalt der Ladungsträger und damit die Entladungseigenschaften. Die zur Anregung des Energieniveaus f von
den Elektronen im Stoßprozeß übertragene Energie entspricht dem Wert $u_{e,fs}$.

Die Elektronenkonzentration N_e ist an jedem Ort der Entladung durch die drei Reaktionen
Ionisation, dissoziative Anlagerung und Rekombination festgelegt. Diese elektronenproduzierenden und -vernichtenden Prozesse werden überlagert von Diffusion und Konvektion
und von der Elektronendrift zu den Elektroden. Die substantielle Änderung der Elektronendichte in einem Strömungslaser in Folge dieser Einflüsse läßt sich in der Teilchenbilanz

$$\frac{DN_e}{Dt} = (k_I^e - k_A^e)N_e N - k_R^e N_e N_p - \nabla[v N_e] - \nabla[v_D N_e] - \nabla^2[D_a N_e] \tag{2.50}$$

ausdrücken [53]. Dabei symbolisiert N_p die Dichte der positiven Ladungsträger. Wegen der
Quasineutralität des Lasergases in der positiven Säule, ist unter der Voraussetzung einfach
ionisierter Teilchen die Anzahl positiver und negativer Ladungsträger identisch. Die indi-
zierten Anregungsraten k^e betreffen die Ionisation I, die Elektronenanlagerung A und die
Rekombination R. Damit sind die Elektronengewinne und -verluste aus dem elektrischen
Feld in den ersten beiden Summanden der Gleichung berücksichtigt. Der dritte Term beinhaltet den Konvektionseinfluß, gefolgt von der Elektronendrift mit der Geschwindigkeit v_D
und der ambipolaren Diffusion D_a. Die Teilchendichte N des Gasgemischs entspricht dem
thermodynamischen Zustand.

Zur vollständigen Charakterisierung einer elektrischen Entladung lassen sich neben der
Strom-Spannungscharakteristik die Transportkoeffizienten für Masse, Impuls, Energie und
Ladung heranziehen. Die Elektronen werden in dem leitenden Medium gemäß $a = e_0E/m_e$
entgegen der Feldrichtung beschleunigt. Die Beschleunigung a ist abhängig von der äußeren Kraft, die das Feld der Stärke E auf die Elementarladung e_0 ausübt und von der Masse
des Elektrons. Die erreichbare Endgeschwindigkeit zwischen zwei Stößen entspricht dem
Quotienten aus der Beschleunigung und der Stoßfrequenz und ist im zeitlichen Mittel konstant. Die Hälfte dieses Endwertes ist definiert als die Driftgeschwindigkeit der Elektronen
[54]

$$v_D = \frac{\varphi E}{e_0 N_e} . \tag{2.51}$$

Da die Leitfähigkeit des Plasmas umgekehrt proportional zu der Wurzel aus der Masse
der Ladungsträger ist [41], kann der Stromtransport für die betrachteten Entladungen
vollständig den driftenden Elektronen zugeschrieben werden. Der Anteil der schweren
Teilchen am Stromtransport liegt im Promillebereich und ist damit vernachlässigbar. Die

Leitfähigkeit

$$\varphi = \frac{j}{E} \tag{2.52}$$

setzt die erzielte Stromdichte zur Stärke des elektrischen Feldes in Beziehung. Die Beweglichkeit der Elektronen

$$\mu_e = \frac{v_D}{E} \tag{2.53}$$

normiert die Driftgeschwindigkeit mit der Feldstärke. Sie ist wesentlich höher als die Mobilität der Ionen μ_p [55]. Daher übersteigt der Wert für die freie Diffusion der Elektronen D_e die ambipolare Diffusion

$$D_a = \frac{D_e \mu_p + D_P \mu_e}{\mu_p + \mu_e} \tag{2.54}$$

ebenso wie die Diffusion der Ionen D_P um mehrere Größenordnungen. Zur energetischen Spezifizierung der Elektronen wird die charakteristische Elektronenenergie

$$u_c = \frac{D_e}{\mu_e} \tag{2.55}$$

herangezogen. Desweitern lassen sich der ohmsche Widerstand

$$R_\Omega = \frac{d}{\varphi A_e}\,, \tag{2.56}$$

gebildet aus Elektrodenabstand d, der Leitfähigkeit φ und der stromdurchflossenen Fläche A_e, die Stromdichte

$$j = N_e e_0 v_D\,, \tag{2.57}$$

die Spannung

$$U = \frac{jl}{\varphi} \tag{2.58}$$

und die Plasmafrequenz der Elektronen [41]

$$\omega_P = \sqrt{\frac{e_0^2 N_e}{\varepsilon_0 m_e}} \tag{2.59}$$

ableiten. Die vorgestellten Transporteigenschaften im Plasma bestimmen die Eigenschaften der elektrischen Entladung. In der Niederdruckglimmentladung sind schwere Teilchen und Elektronen im thermischen Ungleichgewicht. Dadurch wird das im nächsten Unterkapitel vorgestellte Verhalten der schweren Teilchen bedingt.

2.3 Kinetik der schweren Teilchen

2.3.1 Schwingungsformen der Moleküle

Die für die Lasertätigkeit maßgeblichen Anregungsformen der Moleküle sind die niedrig
gelegenen Vibrationsniveaus des Stickstoffs und des Kohlendioxids. Das Termschema Bild
2.15 zeigt, daß die Energieabstände innerhalb der jeweiligen Schwingungsmoden, Kapitel

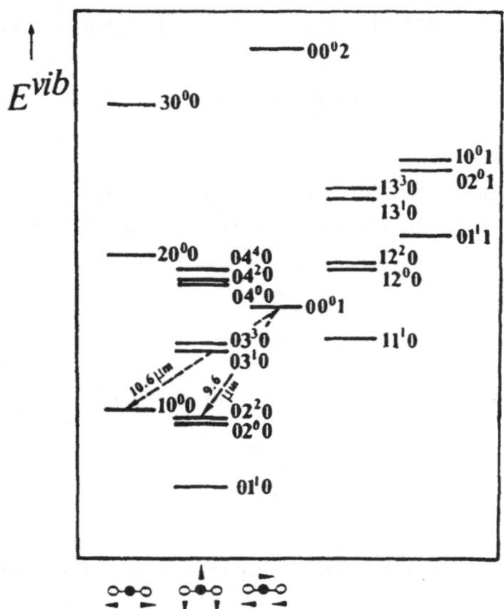

Bild 2.15: **Termschema für den CO_2-Laser**

2.1.2, für niedrige Energieniveaus nahezu äquidistant sind, so daß die Prozesse durch das
Modell eines harmonischen Oszillators annähernd beschrieben werden können. Erst bei
Anregung höherer Vibrationsniveaus sind anharmonische Effekte zwingend in die Betrach-
tung mit aufzunehmen [23].

Die Besetzungsdichten der Schwingungsniveaus lassen sich innerhalb eines Modes mit Hilfe
des Boltzmannfaktors

$$b = \frac{N_{f+1}}{N_f} = exp[-\frac{h\nu_f}{kT_{\nu_f}}] \tag{2.60}$$

ausdrücken [56]. Der Boltzmannfaktor entspricht dem Verhältnis der Besetzungsdichten
zweier aufeinander folgender Energieniveaus eines Modes und ist abhängig von der charakteristischen Schwingungstemperatur des Modes $h\nu_f/k$ und der als Vibrationstemperatur
T_ν bezeichneten hypothetischen Temperatur nach der sich eine thermische Besetzung im

betreffenden Mode ausbildet. Die Vibrationstemperatur charakterisiert jede Schwingungsform dadurch, daß sich ihrem Wert entsprechend die Boltzmannverteilung innerhalb des betreffenden Modes ausbildet. Die Besetzungsdichte des Energieniveaus v der Stickstoffschwingung berechnet sich nach

$$N_{N_2}(v) = N_{N_2}(1-q)q^v \quad \text{mit} \quad q^v = exp[-\frac{vh\nu_v}{kT_{\nu_v}}] \, . \tag{2.61}$$

Der Boltzmannfaktor q der Stickstoffschwingung ergibt sich aus dem Verhältnis der Teilchendichte N_{N_2} des Stickstoffs im ersten angeregten Zustand mit der Quantenzahl v und seiner volumenspezifischen Teilchenzahl im Grundniveau $N_{N_2}(1-q)$, die sich aus der Teilchendichte des Stickstoffs N_{N_2} und der Partitionsfunktion (1-q) [56] berechnet.

Da das CO_2-Molekül drei Schwingungsformen annehmen kann, ist sein Grundniveau gleichzeitig in mehrere angeregte Moden entleert, entsprechend kleiner ist die Wahrscheinlichkeit für die Besetzung eines bestimmten Schwingungsniveaus. Nach Moden unterschieden ergibt sich die Bevölkerung eines Energieniveaus zu

$$\begin{aligned}
N_{CO_2}(i,0,0) &= N_{CO_2}\, u^i \cdot (1-u)(1-s)^2(1-r)\, , \\
N_{CO_2}(0,jj',0) &= N_{CO_2}\, s^{j+j'} \cdot (1-u)(1-s)^2(1-r)\, , \\
N_{CO_2}(0,0,k) &= N_{CO_2}\, r^k \cdot (1-u)(1-s)^2(1-r)\, .
\end{aligned} \tag{2.62}$$

Die Anregung des gemischten Schwingungsmodes wird beschrieben durch

$$N_{CO_2}(i,jj',k) = N_{CO_2}\, u^i s^{j+j'} r^k \cdot (1-u)(1-s)^2(1-r) \tag{2.63}$$

mit den Boltzmannfaktoren für

- die symmetrische Längsschwingung $u^i = \exp[-(ih\nu_{100})/(kT_{\nu_{100}})]$ im unteren Laserniveau,

- die Biegeschwingung $s^{(j+j')} = \exp[-(j+j')(jh\nu_{010})/(kT_{\nu_{010}})]$ und

- die unsymmetrische Längsschwingung $r^k = \exp[-(kh\nu_{001})/(kT_{\nu_{001}})]$ im oberen Laserniveau.

Die gequantelte Energie der Vibration folgt der Reihenentwicklung

$$E_Q = (f + \frac{1}{2})h\nu - h\nu\zeta(f + \frac{1}{2})^2 + \dots \, . \tag{2.64}$$

Der erste Term auf der rechten Seite zeigt den Einfluß des harmonischen Oszillators. Die weiteren Summanden entsprechen Störgliedern in Folge anharmonischer Effekte bei hohen Energieniveaus. Mit f = 1,2,3.... und $\zeta \ll 1$ ist ihr Einfluß bei der Laserstrahlerzeugung vernachlässigbar klein. Dem energetisch tiefsten Zustand des Moleküls bei einer Quantenzahl f = 0 wird die Quantenenergie $E_Q^0 = \frac{1}{2}h\nu - \frac{1}{4}h\nu\zeta$ zugeschrieben. Sie wird zum Bezugspunkt der Energieskala erklärt. Relativ dazu lassen sich die höheren Energieniveaus, bei Festhalten an der Harmonizität, beschreiben durch

$$E_Q(f) = (f + \frac{1}{2})h\nu - \frac{1}{2}h\nu = fh\nu \, . \tag{2.65}$$

Ausgedehnt auf dreiatomige Gase gilt:

$$E_Q(f_a, f_b, f_c) = h\sum_{i=1}^{3} \nu_i f_i \, . \tag{2.66}$$

2.3.2 Rotationsfreiheitsgrade

Jedem Schwingungsniveau sind Rotationsniveaus überlagert, deren Energieabstand um eine Größenordnung kleiner ist als der Energieabstand der Vibrationsniveaus. Wegen dieser starken Kopplung stellt sich innerhalb der Rotationsbesetzung eines Schwingungsniveaus eine Energieverteilung entsprechend der Boltzmannstatistik ein. Die charakteristische 'Besetzungstemperatur' stimmt für die hier untersuchten Bedingungen mit der Gastemperatur überein. Die Besetzungsdichte eines Rotationsniveaus J, das einem Vibrationsniveau f angehört, wird beschrieben durch

$$N(J) = N(f)\frac{2hcB}{kT}\Theta_J \, exp[-\frac{hcBJ(J+1)}{kT}] \, . \tag{2.67}$$

Darin bezeichnet

$$B = \frac{h}{8\pi^2 c I_{rot}} \tag{2.68}$$

die Rotationskonstante mit dem Trägheitsmoment I_{rot} für die Rotation, das statistische Gewicht $\Theta_J = 2J + 1$ für die Quantenzahl J = 0,1,2,..., der Kreiszahl π und der Lichtgeschwindigkeit c im Medium. Der Energiebetrag der Rotation eines Quantenzustands läßt sich ausdrücken durch

$$E_Q = (2J + 1)h\nu B. \tag{2.69}$$

Auch hier ist die Nullpunktsenergie (J = 0)

$$E_Q(0) = h\nu B \tag{2.70}$$

als Bezugspunkt definiert, so daß für die weiteren Niveaus gilt

$$E_Q = 2Jh\nu B. \tag{2.71}$$

Der Wert

$$\Upsilon(J) = \frac{N_f(J)}{N_f(0)} \tag{2.72}$$

bezeichnet die Besetzungswahrscheinlichkeit des Rotationsniveaus und entspricht in seinem Wesen dem Boltzmannfaktor aus der Schwingungsbetrachtung. Die Auswahlregel für Rotationsübergänge lautet $\Delta J = \pm 1$, siehe Bild 2.16. Der Übergang $\Delta J = +1$ wird als P-Zweig, der Übergang $\Delta J = -1$ als R-Zweig bezeichnet. Welche Übergänge auftreten, bestimmt die Gastemperatur. Im CO_2-Laser sind dies vorwiegend Übergänge um P(20) bei Temperaturen um 400 K. Der R-Zweig sei hier nur der Vollständigkeit halber erwähnt.

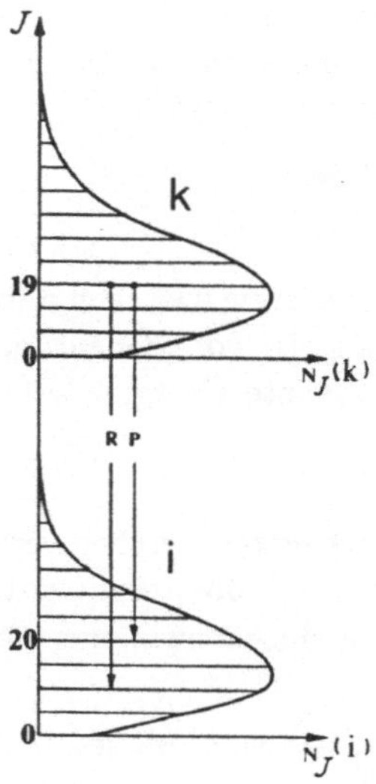

Bild 2.16: **Rotationsübergänge im CO_2-Molekül**

2.3.3 Energieübertragung durch Stöße zwischen schweren Teilchen

Neben den bereits vorgestellten Strahlungsübergängen und den Anregungsprozessen aus dem elektrischen Feld strebt das System durch Stoßvorgänge einen stationären Gleichgewichtszustand an. Angeregte schwere Teilchen beschleunigen Elektronen in Stößen und werden dabei selber abgeregt. Auch schwere Teilchen verschiedener Anregungsform stoßen untereinander und übertragen auf diese Art Energie. Die Wahrscheinlichkeit für einen derartigen Stoßprozeß ist abhängig von dem Stoßquerschnitt, der Gastemperatur und der Teilchendichte der involvierten Partikel. Sie wird durch die Relaxationskoeffizienten k_{sf}^{R} oder durch die Relaxationszeiten τ_{sf}^{R} [30] ausgedrückt, abhängig von Spezies s und Energieinhalt f. Eine Energieübertragung zwischen zwei angeregten Energieniveaus ist umso wahrscheinlicher, je stärker sich ihre Anregungsenergien entsprechen.

Die Stoßprozesse der schweren Teilchen untereinander werden nach der Art ihrer Energieübertragung katalogisiert :

- **Vibrations-Translations (VT) Stöße**
  Ein schwingendes Teilchen wird durch Stoß mit einem beliebigen Partner in den Grundzustand überführt. Die Energie wird vom Stoßpartner aufgenommen und geht in die Translation verloren. Die Umkehrung dieses Vorgangs, Umwandlung von Translations- in Vibrationsenergie, ist stark temperaturabhängig und für den Arbeitsbereich des CO_2-Strömungslasers vernachlässigbar, so daß der Nettoenergiefluß von der Vibration in die Translation erfolgt.

- **Vibrations-Vibrations (VV) Stöße**

  Intermolekulare Stöße
  Austausch von Schwingungsenergie zwischen angeregten Molekülen verschiedener Spezies. Dieser Vorgang ist von Bedeutung für die Speisung des oberen Laserniveaus durch die resonante Energieübertragung aus dem ersten Niveau der Stickstoffschwingung.

  Intramolekulare Stöße
  Austausch von Schwingungsenergie zwischen verschiedenen Schwingungsmoden einer Stoffart. Intramolekulare Stöße verantworten die schnelle Entleerung des unteren Laserniveaus in den Biegeschwingungsmode.

  Intramoden Stöße
  Der Energieaustausch innerhalb eines Modes erfolgt, im Verhältnis zu den übrigen Relaxationszeiten, nahezu instantan, so daß eine gesonderte Betrachtung dieser Übergänge vernachlässigt werden kann. Die Intramodenstöße finden durch die Beschreibung der Zusammenhänge mittels der Boltzmannfaktoren Berücksichtigung.

Als Folge von Strahlung und Stoßprozessen ändert sich der Energieinhalt der angeregten Partikel ständig. Für die Energiebilanz lassen sich die Nettoenergieflüsse über die Ratengleichungen für jedes Niveau bestimmen. Die Differentialgleichung

$$\frac{dE_f}{dt} = \dot{E}_{f,P} - \dot{E}_{f,e-\downarrow} + \sum_s \frac{\Delta E_{s,f}}{\tau_{s,f}} + \dot{E}_f^{\,*} \tag{2.73}$$

beschreibt die zeitliche Energieänderung im Niveau f durch die Anregung mittels Elektronenstoß $\dot{E}_P$, die Abregung durch Elektronenstoß $\dot{E}_{e-\downarrow}$, die diversen Stoßprozesse mit den molekularen und atomaren Stoßpartnern $\Delta E/\tau$ und durch die Strahlungsübergänge $\dot{E}^*$. Da die Schwingungsenergie gequantelt ist, genügt es, die Änderung der Teilchendichten $N_{s,f}$ der Spezies s in den Energieniveaus f zu betrachten:

$$\frac{dN_f}{dt} = \frac{dN_{s,f,e-\uparrow}}{dt} - \frac{dN_{s,f,e-\downarrow}}{dt} + \sum_s \frac{dN_{s,f}}{\tau_{s,f}} + \frac{dN_{s,f}^*}{dt} . \tag{2.74}$$

Das Auftreten der hier angesprochenen Prozesse ist damit nur noch eine Funktion der statistischen Wahrscheinlichkeit ihres Zustandekommens und der Anzahl der beteiligten Partikel pro Volumeneinheit. Aus den Wirkungsquerschnitten der verschiedenen Anregungsformen lassen sich mit den Daten des elektrischen Feldes die Energien für das Pumpen und für die Abregung der Moleküle in Elektronenstößen ermitteln. Der Strahlungsübergang wird durch den Wirkungsquerschnitt der stimulierten Emission geprägt und die zwischenmolekularen und -atomaren Stoßprozesse sind in den empirisch ermittelten Relaxationskoeffizienten erfaßt.

2.3.4 Einfluß der Heliumatome

Der Hauptbestandteil des Lasergasgemischs, etwa 80 Volumenprozent, wird durch die nur sekundär an der Laserstrahlerzeugung beteiligten Heliumatome gebildet. Ohne selbst durch angeregte Zustände einen Beitrag zu leisten, entleeren sie in Stößen mit $CO_2(1,0,0)$-Molekülen verstärkt das untere Laserniveau und vergrößern dadurch die Inversion. Derart beschleunigt und entsprechend ihrer geringen Masse mit hoher Beweglichkeit ausgestattet, transportieren sie schnell und effektiv die Verlustwärme aus der Entladungszone ab. Dadurch verhindern sie vor allem in diffusionsgekühlten Lasern einen raschen Temperaturanstieg im Kontrollvolumen und das verfrühte Auftreten thermischer Besetzung.

2.4 Makroskopische Vorgänge im laseraktiven Medium

2.4.1 Thermodynamischer Zustand

Durch die eingekoppelte elektrische Energie, die zu etwa 80 % dem Gas in Form von Wärme zugeführt wird, ändert sich der thermodynamische Zustand des Gases entlang der Strömungsachse [43]. Die Zustandsänderungen im Unterschallbereich bewegen sich zwischen Existenzgrenzen, innerhalb derer die Anströmmachzahl die zuführbare Wärmemenge bestimmt. Auf den Grenzkurven, Bild 2.18 bis Bild 2.20, wird durch Energiezufuhr die Machzahl 1 erreicht. Das Differentialgleichungssystem zur Beschreibung eines stationären Stromfadens unter Wärmeeinkopplung [3] läßt sich für den Fall konstanten Strömungsquerschnitts in der Einkoppelzone, Bild 2.17, bei integraler Betrachtungsweise analytisch lösen [57]. Die thermodynamischen Zustandsänderungen sind abhängig vom Anfangszustand und dem auf die Anfangstemperatur T_{an} normierten Wert für die zugeführte Wärme

$$q_D = \frac{Q}{c_p T_{an}}. \tag{2.75}$$

Die massenspezifische Wärme ist durch Q ausgedrückt und c_p symbolisiert die spezifische Wärmekapazität bei konstantem Druck. Die Größe q_D wird als Damköhlerzahl bezeichnet.

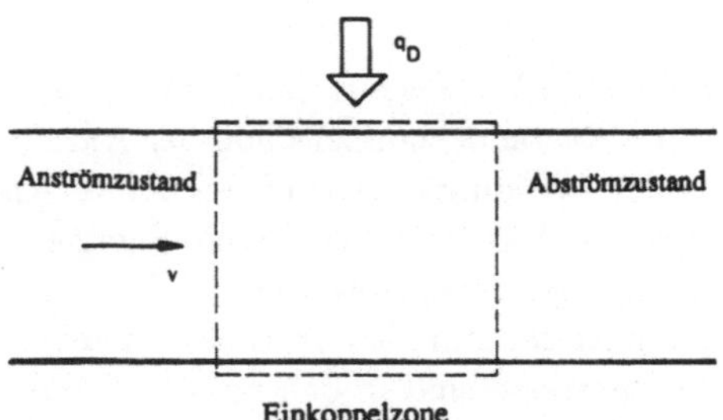

Bild 2.17: **Einkoppelzone bei nicht ortsaufgelöster Betrachtung**

Die Verhältnisse von Abström- zu Anströmzustand für Druck p_{ab}/p_{an}, Temperatur T_{ab}/T_{an} und Geschwindigkeit v_{ab}/v_{an} sind in den Bildern 2.18 bis 2.20 bei verschiedenen Wärmemengen abhängig von der Anströmmachzahl aufgetragen.   Reibung und Wandkühlung

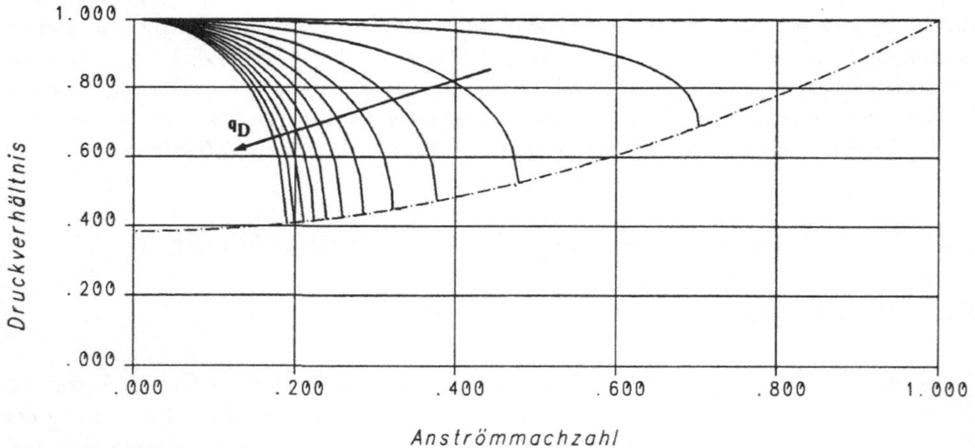

Bild 2.18: **Änderung des statischen Drucks bei Energiezufuhr in ein strömendes Gas mit konstantem Strömungsquerschnitt**

sind vernachlässigt. Die Diagramme geben einen Überblick über die Reaktionen der gasdynamischen Größen auf die Wärmezufuhr in eine stationäre Strömung. Der Druck nimmt mit wachsender Einkopplung ab, die Geschwindigkeit nimmt zu, ebenso über einen weiten Anströmbereich die Temperatur. Während sich die Zustandsänderungen von Druck und Geschwindigkeit mit steigender Anfangsmachzahl verstärken, schwächt sich der Einfluß der Energie auf die Temperaturänderung ab. Hohe Anströmmachzahlen und sehr kleine eingekoppelte Wärmen führen zu einer Abnahme der Gastemperatur.

Die im Regelfall steigende Temperatur und die wachsende Geschwindigkeit in der Entladungszone implizieren sich gegenseitig und jeder Effekt für sich wirkt sich nachteilig auf den

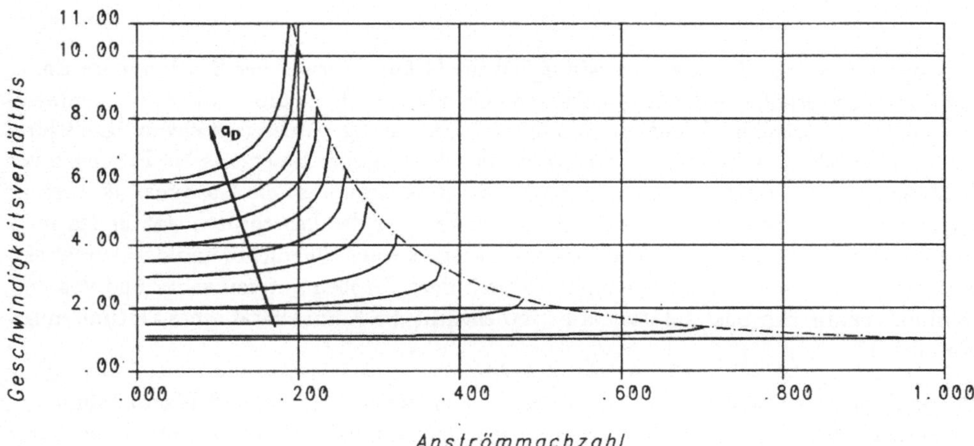

Bild 2.19: **Änderung der Geschwindigkeit bei Energiezufuhr in ein strömendes Gas mit konstantem Strömungsquerschnitt**

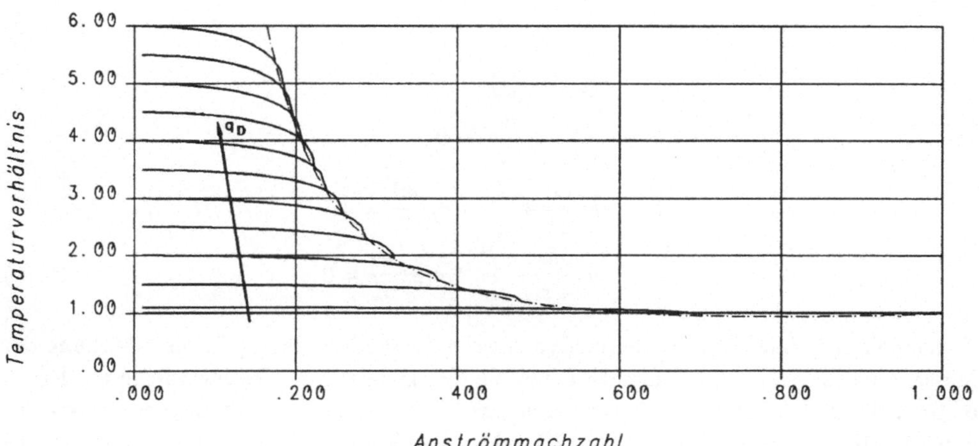

Bild 2.20: **Änderung der Temperatur bei Energiezufuhr in ein strömendes Gas mit konstantem Strömungsquerschnitt**

Laserprozeß aus. Hohe Temperaturen verringern durch thermische Besetzung des unteren Laserniveaus die Inversion im Medium und erschweren eine erfolgreiche Verstärkung. Die Geschwindigkeitszunahme kann bis in den schallnahen Bereich führen, wo durch thermisches Verstopfen (Choking), in den Diagrammen strichpunktiert, die stationäre Strömung gestört und bei weiterer Steigerung der Energieeinkopplung durch instationäre Prozesse überlagert wird [4], [58].

Verringert eine hohe Anfangsgeschwindigkeit die Gefahr thermischer Besetzung im Entladungsraum, so erhöht sie die Möglichkeit von Choking durch die proportional zur Temperatur nur wenig steigende Schallgeschwindigkeit. Eine geringe Anfangsgeschwindigkeit birgt keine Gefahr thermischen Verstopfens, wohl aber thermischer Besetzung bei Erreichen von Gastemperaturen um 450 K und darüber. Damit verantwortet die Gasdynamik zwei die Lasertätigkeit begrenzende Phänomene, innerhalb derer der Laserprozeß stattfinden muß. Regulierende Größen sind die eingekoppelte elektrische Leistungdichte und der Anregungswirkungsgrad. Die wechselseitige Abhängigkeit dieser Größen untereinander und von dem thermodynamischen Zustand des Gases verdeutlicht die Komplexität eines Optimierungsvorhabens.

Bei den bisherigen gasdynamischen Betrachtungen fanden Reibung und Wandkühlung keine Berücksichtigung. In den schmalen, durch die Raumluft gekühlten Entladungsrohren sind diese Effekte aber nicht mehr vernachlässigbar. Der Reibungsbeiwert c_f ist eine Funktion der Reynoldszahl und läßt sich auf halbempirische Weise bestimmen [59]. Die Bilanzgleichungen für die eindimensionale Rohrströmung mit Reibung und Wärmezufuhr lauten [7]

$$
\begin{aligned}
\mathcal{Z} &: \quad \frac{dp}{p\,dx} - \frac{d\rho}{\rho\,dx} - \frac{dT}{T\,dx} = 0, \\[2mm]
\mathcal{K} &: \quad \frac{d\rho}{\rho\,dx} + \frac{dv}{v\,dx} = 0, \\[2mm]
\mathcal{I} &: \quad \rho v\frac{dv}{dx} + \frac{dp}{dx} + c_f\frac{\rho v^2}{R} = 0, \\[2mm]
\mathcal{E} &: \quad \rho v\frac{dh_0}{dx} - \frac{j^2}{\varphi} + c_f\rho v\frac{h_0}{R} = 0.
\end{aligned}
\tag{2.76}
$$

Es handelt sich dabei um die thermodynamische Zustandsgleichung $\mathcal{Z}$, die Gleichung der Massenerhaltung $\mathcal{K}$, den Impulssatz $\mathcal{I}$ und die Energiebilanz $\mathcal{E}$. Geschwindigkeit v, Druck p, Temperatur T und Gasdichte ρ erfahren eine Zustandsänderung entlang der Ortskoordinaten x. Die Stromdichte j und die Leitfähigkeit des Gases φ entstammen dem elektrischen Feld, R ist der Rohrradius. Die massenbezogene Kesselenthalpie folgt aus

$$
h_0 = c_p dT_0
\tag{2.77}
$$

mit der spezifischen Wärmekapazität c_p bei konstantem Druck und der Absoluttemperatur T_0. Zur Berechnung der über die Rohrwand abgeführten Wärme wird die Erweiterung des Energiesatzes nach [60]

$$
\frac{dT_0}{dx} = \frac{4\alpha_w(T_w - T_0)}{2\rho v c_p R}
\tag{2.78}
$$

herangezogen, mit der vereinfachenden Annahme, daß die adiabate Wandtemperatur der Absoluttemperatur des strömenden Gases entspricht. Die tatsächliche Wandtemperatur unter Einfluß des kühlenden Mediums ist mit T_w bezeichnet. Der unbekannte Wärmeübertragungskoeffizient α_w kann über die Reynoldsanalogie durch den Reibungskoeffizienten c_f ausgedrückt werden

$$\alpha_W = \rho c_p v \frac{c_f}{2}. \tag{2.79}$$

2.4.2 Translationsenergie

Die in Translation resultierende Energie entstammt verschiedenen Verlustprozessen im laseraktiven Medium. Eine Komponente bildet die direkte, ohmsche Aufheizung des Gases in Folge des elektrischen Feldes und der endlichen Leitfähigkeit des Mediums. Diese geht direkt, am Ort ihrer Einkopplung, als Verlustwärme an das Gas. Ein weiterer Energieanteil wird aus den angeregten Zuständen der Moleküle wieder an die Translation überführt. Die in Kapitel 2.3 beschriebenen Molekülstöße mit Vibrations-Vibrationsenergieaustausch verlaufen nicht verlustfrei. Mit Ausnahme der Übergänge zwischen energetisch eng gekoppelten Vibrationsniveaus ($CO_2(100),CO_2(020)$ und $CO_2(001),N_2(1)$) ist jede Energieübertragung verlustbehaftet. Die frei werdende Wärme wird, ebenso wie die Energiebeträge aus den Vibrations-Translationsstößen, dem Medium zugeführt, so daß die gesamte in den angeregten Molekülzuständen verbliebene Energie räumlich und zeitlich verzögert in den Grundzustand relaxiert. Eine zusätzliche Aufheizung wird durch die Wechselwirkung zwischen Gasteilchen und Photonen bei vorhandenem Strahlungsfeld erreicht, als Folge von Beugungs- und Streuungseffekten im Medium.

Damit verantworten drei unterschiedliche Energietransferprozesse die unerwünschte Aufheizung und den Antrieb des Lasergases in der Entladungsstrecke.

3 Modellierung der laseraktiven Vorgänge

Die Laserstrahlerzeugung ist das Ergebnis des Zusammenwirkens von elektrophysikalischen, gasdynamischen und gaskinetischen Prozessen im laseraktiven Medium. Für die korrekte Modellierung der Vorgänge in der Strahlquelle ist daher die Wechselwirkung dieser physikalischen Themenkreise an jedem Ort der Entladung zu berücksichtigen. Für die theoretische Beschreibung der Zusammenhänge werden folgende Annahmen getroffen.

Es wird ein elektrisch angeregter CO_2-Strömungslaser betrachtet mit Gleichstromentladung oder Wechselstromentladung bei Frequenzen ab 100 kHz, Bild 3.1, [61], [62]. Die Energieeinkopplung erfolgt transversal. Die Strömungsrichtung verläuft parallel zur optischen Achse. Im Falle der Wechselstromanregung sind zusätzlich die Dielektrika von

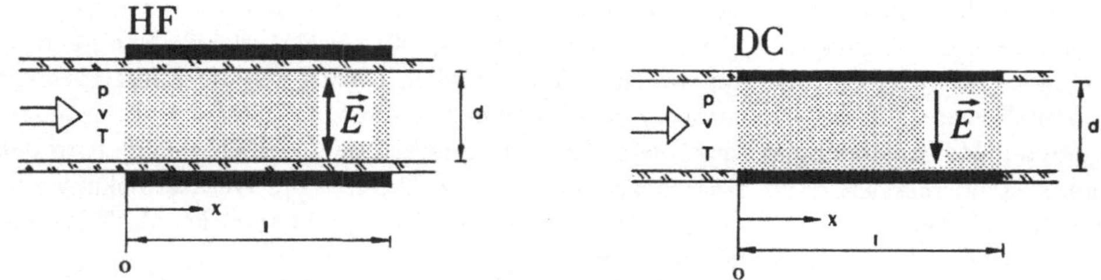

Bild 3.1: **Vereinfachte Entladungsstrecken für die Modellierung**

Quarzrohr und Luftspalt zu berücksichtigen. Die Entladung wird als homogen über die gesamte Strecke angesehen. Stabilitätsbetrachtungen finden nicht statt. Für die Strahlerzeugung sind die Vorgänge in der positiven Säule maßgeblich. Erst für Frequenzen von 100 kHz und weniger dominieren die Vorgänge in den Elektrodenrandschichten die Anregungsprozesse [27], [63]. Randeffekte des elektrischen Feldes sind nicht in das Modell aufgenommen. Für die Adaption an die Kinetik wird sich daher auf solche Anregungsfrequenzen und Entladungsgeometrien beschränkt, für die die Randfelder keine Rolle spielen.

Die gasdynamischen Vogänge werden eindimensional entlang der Strömungsachse modelliert. Die Strömung folgt den Gesetzen der reibungsbehafteten Rohrströmung mit Wärmeeinkopplung in einen konstanten Strömungsquerschnitt unter Berücksichtigung von Wandkühlung. Radiale Änderungen des elektrischen Feldes und des Strahlungsfeldes werden vernachlässigt. Stoffdaten sind für die Komponenten des Lasergasgemischs Helium, Stickstoff und Kohlendioxid zur Verfügung gestellt und in den verschiedenen Gemischkonzentrationen berechnet. Das Medium wird als kalorisch ideales Gas mit konstantem Adiabatenexponenten behandelt.

3.1 Beschreibung der Entladungsvorgänge in der positiven Säule

3.1.1 Elektronenenergieverteilung und Anregungskoeffizienten

Da die Effektivität der Stoßanregung aus der Überlagerung der Wirkungsquerschnitte mit dem Energieinhalt der freien Elektronen hervorgeht, muß zur Beschreibung des elektrischen Feldes zunächst die Boltzmanngleichung (2.45) gelöst werden. Für ein Medium im thermodynamischen Ungleichgewicht ist der Integrodifferentialkoeffizient nicht geschlossen lösbar. Die in Frage kommenden Näherungsverfahren orientieren sich an den konkreten Randbedingungen des zu beschreibenden Systems. Im Falle der Entladungsvorgänge im CO_2-Laser wird das Teilchenverhalten von der Lorentzkraft

$$\mathbf{F}^L = -e_0 \cdot (\mathbf{E} + \mathbf{w} \times \mathbf{B}),\qquad(3.1)$$

in weit höherem Maße aber durch die Stoßvorgänge bestimmt. Bei für die Laserstrahlerzeugung typischen Entladungsbedingungen ist der Beitrag der magnetischen Feldstärke B zur Lorentzkraft vernachlässigbar [7]. Mit einer Knudsenzahl

$$Kn = \frac{1}{\sqrt{2}\sigma Nd} \approx 10^{-4} < 10^{-2}\qquad(3.2)$$

liegt bei CO_2-Laserbedingungen Kontinuum vor. Die Knudsenzahl setzt die mittlere freie Weglänge $l_f = (\sqrt{2}\sigma N)^{-1}$ im Gasvolumen ins Verhältnis zu dem Elektrodenabstand d und charakterisiert das Teilchenverhalten in thermodynamischen Prozessen [52].

Die in Elektron-Molekülstößen ausgetauschte Energie ist aufgrund des Massenunterschiedes der Teilchen gering im Vergleich zu der kinetischen Energie der Elektronen, Kapitel 2.2.1. Dadurch erfahren die Elektronen in den Stößen starke Ablenkungen, so daß ihre Geschwindigkeitsverteilung in alle Raumrichtungen nahezu identisch ist. Bei Betrachtung stationärer Vorgänge in einer differentiell kleinen Teilstrecke des Entladungsraums ist die Geschwindigkeitsverteilungsfunktion nur noch vom Geschwindigkeitsbetrag der Elektronen abhängig. Die resultierende Elektronenverteilung ist quasi isotrop und die Boltzmanngleichung kann in einer Zweitermnäherung [64]

$$f^e(w_{e,j}) \approx f_0^e(w_e) + \sum_j \frac{w_{e,j}}{w_e} \cdot f_j^e(w_e)\qquad(3.3)$$

gelöst werden. Dabei sind $f_0^e(w_e)$ der isotrope Anteil und $f_j^e(w_e)$ die gerichtete Komponente zur Berücksichtigung der geringen Asymmetrie. Für den Störungsanteil gilt $|f| \ll f_0$. Die Gleichung (2.45) schreibt sich damit

$$\frac{df^e}{dt} = \sum_j \frac{e_0 E_j}{m_e} \frac{\partial}{\partial w_{e,j}} \left(f_0 + \frac{w_{e,j}}{w_e} f_j^e \right) + \frac{\delta f_0^e}{\delta t}\Big|s + \sum_j \frac{w_{e,j}}{w_e} \frac{\delta f_j^e}{\delta t}\Big|s \, .\qquad(3.4)$$

Wegen der nahezu isotropen Verteilung lassen sich die richtungsabhängigen Terme über die Geschwindigkeitsrichtungen mitteln. Der asymmetrische Anteil f_j^e wird in elastischen Stößen reduziert. Seine Abnahme ist proportional der Stoßfrequenz der elastischen Stöße ν^{IT}. Wegen der Proportionalität von Stoßfrequenz und Stoßquerschnitt [43]

$$\nu^{IT} \sim \sigma^{IT} \tag{3.5}$$

übersteigt die Stoßfrequenz für die elastischen Stöße die der inelastischen Stöße um mehr als zwei Größenordnungen [42]. Dieser Umstand rechtfertigt die Voraussetzung einer nahezu isotropen Elektronenverteilung in der Entladung. Der Stoßterm des isotropen Anteils der Verteilungsfunktion $\delta f_0^e/\delta t$ enthält Beiträge aus elastischen und inelastischen Stößen [15]. Nach Übergang von der Elektronengeschwindigkeit auf die Elektronenenergie, Gleichung (2.46), wird die Verteilungsfunktion mit der Elektronendichte normiert

$$\int_0^\infty f^e \sqrt{u_e} du_e = 1 . \tag{3.6}$$

Damit läßt sich die Elektronenenergieverteilungsfunktion in eine Elektronendichteverteilungsfunktion überführen, die für jedes Energieintervall $[u_e - du_e/2, u_e + du_e/2]$ den zugehörigen Elektronendichteanteil $n_e(u_e)$ wiedergibt. Bei numerischer Behandlung sind durch den Übergang von differentieller Betrachtungsweise auf Differenzen die Werte $n_e(\epsilon)$ abhängig von der Weite des betrachteten Energieintervalls $\Delta\epsilon$. Mit

$$n_e^n(\epsilon_i + \Delta\epsilon) = \frac{N_e(\epsilon_i + \Delta\epsilon)}{\Delta\epsilon \sum_{i=1}^\infty N_e(\epsilon_i + \Delta\epsilon_i)} \tag{3.7}$$

werden unter der Voraussetzung konstanter Intervallweite die diskreten Elektronendichteanteile von der aktuellen Intervallweite unabhängig.

Der einfachste Fall für die Berechnung der Elektronenenergieverteilung bildet die Gleichstromentladung [16], [30]. Die Verteilung der Elektronen auf die einzelnen Energieintervalle ϵ ist in der Elektronendichteverteilungsfunktion

$$
\begin{aligned}
\frac{\partial n_e(\epsilon)}{\partial t} = {} & -\frac{\partial}{\partial\epsilon}\left[\frac{2Ne^2(\frac{E}{N})^2\epsilon}{3m_e\sqrt{\frac{2\epsilon}{m_e}}\sum_s \psi_s\sigma^s(\epsilon)} \left(\frac{n_e(\epsilon)}{2\epsilon} - \frac{\partial n_e}{\partial\epsilon} \right) \right] \\
& -\frac{\partial}{\partial\epsilon}\left\{ 2m_eN\sqrt{\frac{2\epsilon}{m_e}}\sum_s \frac{\psi_s\sigma_s(\epsilon)}{M_s}\left[n_e(\epsilon)\left(\frac{kT}{2} - \epsilon \right) - kT\epsilon\frac{\partial n_e(\epsilon)}{\partial\epsilon} \right] \right\} \\
& + \sum_s\sum_i N_s\left[\sigma_i^s(\epsilon + \epsilon_i^s)\sqrt{\frac{2\epsilon + \epsilon_i^s}{m_e}}\, n_e(\epsilon + \epsilon_i^s) - \sigma_i^s(\epsilon)\sqrt{\frac{2\epsilon}{m_e}}\, n_e(\epsilon) \right] \\
& + \sum_s\sum_i N_s\, exp[-\frac{\epsilon_i^s}{kT_i^s}] \\
& \cdot \left[\frac{\epsilon}{\epsilon - \epsilon_i^s}\sigma_i^s(\epsilon)\sqrt{\frac{2\epsilon - \epsilon_i^s}{m_e}}\, n_e(\epsilon - \epsilon_i^s) - \left(\frac{\epsilon + \epsilon_i^s}{\epsilon} \right)\sigma_i^s(\epsilon + \epsilon_i^s)\sqrt{\frac{2\epsilon}{m_e}}n_e(\epsilon) \right]
\end{aligned} \tag{3.8}
$$

erfaßt mit den Wirkungsquerschnitten $\sigma^s(\epsilon)$ für die Impulsübertragung zwischen Elektronen und Teilchen der Spezies s und $\sigma_i^s(\epsilon)$ für die Anregung von Teilchen der Spezies s in das Energieniveau i durch Elektronenstoß. Der erste Term auf der rechten Seite der Gleichung bestimmt den Einfluß des elektrischen Feldes, daneben gehen, abhängig vom thermodynamischen Zustand, die elastischen Stöße und die Energieübertragungsprozesse, unterschieden nach inelastischen (3. Summand) und superelastischen Stößen (letzter Summand), in die Gleichung ein. Für den Fall der stationären Gleichstromentladung vereinfacht sich die Gleichung zu

$$\frac{\partial n_e(\epsilon)}{\partial t} = 0 \, . \tag{3.9}$$

Bei instationärer Gleichstromanregung, d.h. bei zeitabhängigem Verhalten des Feldstärkenbetrags, folgt die Elektronendichte dem geänderten Betrag der elektrischen Feldstärke. Wird die Feldstärke instantan variiert (Ein-, Ausschalten, Pulsen), kann sich die Energie der Elektronen nicht augenblicklich umverteilen. Es zeigt sich ein Nachlaufverhalten der Energieanpassung, siehe Bild 3.3 .

Im elektrischen Wechselfeld, d.h. bei einer periodischen Änderung der Feldstärke in Betrag und Richtung, wird das Verhalten der Elektronen zusätzlich durch die Anregungsfrequenz des Feldes bestimmt. Das zeitabhängige Verhalten über eine Periodendauer unterliegt dem Verhältnis der Anregungskreisfrequenz ω zu der Energierelaxationsfrequenz $\nu^{ER} \approx 10^9 \mathrm{s}^{-1}$ und der Impulsübertragungsfrequenz $\nu^{IT} \approx 10^{11} \mathrm{s}^{-1}$ [5]. Die angegebenen Werte gelten für kleine reduzierte Feldstärken bei Drücken um 100 mbar und Temperaturen zwischen 300 und 500 Kelvin. Mit $\nu^{IT} \gg \nu^{ER}$ für die Lasergasentladung lassen sich abhängig von der Energierelaxationsfrequenz drei Frequenzbereiche unterscheiden:

- **Anregungskreisfrequenzen kleiner als die Energierelaxationsfrequenz** $\omega \ll \nu^{ER}$

  Ist die Anregungskreisfrequenz viel kleiner als die Energierelaxationsfrequenz, wird davon ausgegangen, daß sich das Teilchen zu jedem Zeitpunkt innerhalb der Periode so verhält, als seien alle Relaxationsvorgänge sofort abgeschlossen. Dadurch erfährt das Teilchen ausschließlich den augenblicklichen Entladungszustand. Der momentane Zustand ist über die aktuelle reduzierte Feldstärke E(t) von der Zeit abhängig. Zu diesem Frequenzbereich gehören die stille Entladung und die Hochfrequenztechnik.

- **Anregungskreisfrequenzen im Bereich der Energierelaxationsfrequenz** $\omega \approx \nu^{ER}$

  Liegt die Anregungsfrequenz in der Größenordnung der Energierelaxationsfrequenz der Elektronen, muß die Zeitabhängigkeit der Elektronenenergieverteilungsfunktion vollständig berücksichtigt werden.

- **Anregungskreisfrequenzen größer als die Energierelaxationsfrequenz** $\omega \gg \nu^{ER}$

In Wechselfeldern, die viel schneller als die Energierelaxationsfrequenz sind, können die Elektronen ihren Energiehaushalt nicht mehr an die momentanen Feldbedingungen anpassen. Sie verhalten sich entsprechend eines konstanten Entladungszustands, der dem zeitlichen Mittel der reduzierten elektrischen Feldstärke entspricht. Zu diesem Frequenzbereich gehören die Mikrowellenanregungen.

Das Verhalten der Elektronenenergieverteilung unter Wechselstromanregung ist ähnlich wie bei der instationären Gleichstromanregung. Die Verteilungsfunktion kann mit zunehmender Anregungsfrequenz dem elektrischen Wechselfeld immer weniger folgen. Es stellt sich ein Nachlaufverhalten zur Feldperiodizität ein, bis schließlich bei sehr hohen Anregungsfrequenzen ein mittlerer Zustand beibehalten wird, der innerhalb der Periode nicht mehr variiert.

Die Boltzmanngleichung im Falle der Wechselstromanregung [5] leitet sich ab zu

$$
\begin{aligned}
\frac{\partial n_e(\epsilon)}{\partial t} =\ & \frac{\partial}{\partial \epsilon}\left[(\frac{E_0}{N})^2 \frac{2e_0^2}{3m_e} \frac{\sqrt{\frac{2\epsilon}{m_e}} \sum N_s \sigma^s cos^2(\omega t) + \omega cos(\omega t) sin(\omega t)}{\frac{2\epsilon}{m_e} \sum \frac{N_s \sigma^{s2}}{N} + (\frac{\omega}{N})^2} \left(\frac{\partial n_e(\epsilon)}{\partial \epsilon} - \frac{n_e(\epsilon)}{2\epsilon}\right)\right] \\
& + \frac{\partial}{\partial \epsilon}\left[2m_e N \epsilon n_e(\epsilon)\sqrt{\frac{2\epsilon}{m_e}} \sum \frac{\psi_s \sigma^s(\epsilon)}{M_s}\right] \\
& + \sum_s \sum_i N_s \left[\sigma_i^s(\epsilon + \epsilon_i^s)\sqrt{\frac{2\epsilon + \epsilon_i^s}{m_e}}\, n_e(\epsilon + \epsilon_i^s) - \sigma_i^s(\epsilon)\sqrt{\frac{2\epsilon}{m_e}}\, n_e(\epsilon)\right] \\
& + \sum_s \sum_i N_s exp\left(-\frac{\epsilon_i^s}{kT_i^s}\right) \\
& \cdot \left[\frac{\epsilon}{\epsilon - \epsilon_i^s}\, \sigma_i^s(\epsilon)\sqrt{\frac{2\epsilon - \epsilon_i^s}{m_e}} n_e(\epsilon - \epsilon_i^s) - \left(\frac{\epsilon + \epsilon_i^s}{\epsilon}\right) \sigma_i^s(\epsilon + \epsilon_i^s)\sqrt{\frac{2\epsilon}{m_e}} n_e(\epsilon)\right] \quad (3.10)
\end{aligned}
$$

und reduziert sich für Frequenzen im Bereich oberhalb der Energierelaxationsfrequenz auf

$$
\begin{aligned}
0 =\ & \frac{\partial}{\partial \epsilon}\left[\frac{(\frac{E_0}{N})^2}{3m_e} \frac{e_0^2 \epsilon N \sum (\frac{\nu^{IT}}{N_s})}{(\sum \frac{\nu^{IT}}{N_s})^2 + (\frac{\omega}{N})^2}\left(\frac{\partial n_e(\epsilon)}{\partial \epsilon} - \frac{n_e(\epsilon)}{2\epsilon}\right)\right] \\
& + \frac{\partial}{\partial \epsilon}\left[2m_e N \epsilon n_e(\epsilon)\sqrt{\frac{2\epsilon}{m_e}} \sum \frac{\psi_s \sigma^s(\epsilon)}{M_s}\right] \\
& + \sum_s \sum_i N_s \left[\sigma_i^s(\epsilon + \epsilon_i^s)\sqrt{\frac{2\epsilon + \epsilon_i^s}{m_e}}\, n_e(\epsilon + \epsilon_i^s) - \sigma_i^s(\epsilon)\sqrt{\frac{2\epsilon}{m_e}}\, n_e(\epsilon)\right] \\
& + \sum_s \sum_i N_s exp\left(-\frac{\epsilon_i^s}{kT_i^s}\right) \\
& \cdot \left[\frac{\epsilon}{\epsilon - \epsilon_i^s}\, \sigma_i^s(\epsilon)\sqrt{\frac{2\epsilon - \epsilon_i^s}{m_e}} n_e(\epsilon - \epsilon_i^s) - \left(\frac{\epsilon + \epsilon_i^s}{\epsilon}\right) \sigma_i^s(\epsilon + \epsilon_i^s)\sqrt{\frac{2\epsilon}{m_e}} n_e(\epsilon)\right] . \quad (3.11)
\end{aligned}
$$

Für das numerische Lösungsverfahren wird der Elektronenenergiebereich ϵ in n Energieintervalle $\Delta\epsilon$ aufgespalten, für die gilt: $\epsilon = n \, \Delta\epsilon$. Für jedes der n Intervalle muß die Boltzmanngleichung gelöst werden. Es liegt somit ein System von n inhomogenen Differentialgleichungen vor. Die Energieabschnitte sind so zu wählen, daß die Randfehler durch die Betrachtung des ersten und letzten Energieintervalls möglichst gering werden. Die numerische Genauigkeit ist bei Rockwood [65] nach einem Wert von $\Delta\epsilon \leq 0.01$ eV erreicht. Da neben den Vibrationsanregungsraten bei Elektronenenergien um 1 eV auch die konkrete Anzahl der freien Elektronen im Entladungsvolumen das Anregungsverhalten des Lasergases bestimmen, müssen der Elektronenproduktionsprozeß, Ionisation, und die Elektronenvernichtungsprozesse, Rekombination und Anlagerung, mit Elektronenenergien über 15 eV berücksichtigt werden. Dazu ist ein Elektronenenergiebereich von 0 eV bis mindestens 30 eV in die Betrachtung aufzunehmen. Dies bedeutet, daß für eine ausreichend genaue Beschreibung der Entladung ein System von 3000 gekoppelten Differentialgleichungen gelöst wird.

Der Anspruch auf Isotropie der Ladungsträger wird auch im Falle der erzwungenen Konvektion im Strömungslaser aufrecht erhalten. Ein Teilchen, das mit der Strömung mitwandert, stößt an jedem Ort x auf eine isotrope Verteilung der Ladungsträger. Mit Strömungsgeschwindigkeiten von einigen 100 m/s und einer gewählten Ortsauflösung von zehntel Millimetern beträgt das Minimum der Übergangszeit $\Delta t \approx 10^{-6}$ bis 10^{-4} Sekunden vom Ort x an den Ort $x + \Delta x$. Dies bedeutet, daß das Teilchen für den Bereich der laserrelevanten Anregungsfrequenzen an jedem Ort die gesamte Wechselfeldperiode erfährt. Liegt die Periodendauer für den Hochfrequenzbereich ($T^P = 10^{-8} s$) einige Größenordnungen unterhalb der gasdynamischen Übergangszeit Δt, so ist die Bedingung im Bereich der Stillen Entladung ($T^P = 10^{-5} s$) nur knapp erfüllt. Für kleine Frequenzen muß daher, bei exakter ortsaufgelöster Beschreibung der Lasergasentladung, auf eine substantielle Betrachtungsweise übergegangen werden.

Die Lösung des homogenen Differentialgleichungssystems erfolgt durch Rücksubstitution. Zur Berücksichtigung des zeitabhängigen Verhaltens der Elektronendichteverteilung ist ein Verfahren zur Matrizeninversion implementiert. Mit der nunmehr bekannten Elektronendichteverteilung lassen sich die Anregungsraten für das Lasergas nach Gleichung (2.49) ableiten.

Neben der hier vorgestellten Vorgehensweise finden sich in der Literatur Diskussionen anderer Näherungsverfahren[2], doch wird in neueren Literaturquellen [5], [64] die hier gewählte Methode zur Beschreibung des Teilchenverhaltens in der positiven Säule der Entladung favorisiert.

Zur Berechnung der eingekoppelten elektrischen Leistung müssen die Transporteigenschaf-

---

[2]Monte Carlo Methode [66], [67], Fourier-Reihenentwicklung [68]

ten der Entladung bekannt sein. Die Elektronenmobilität

$$\mu_e = \frac{1}{6}\sqrt{\frac{2}{m_e}} \int_0^\infty \frac{2\epsilon dn_e^n(\epsilon) - n_e^n(\epsilon)d\epsilon}{\sqrt{\epsilon}\sum_s N_s\sigma_s} \ , \tag{3.12}$$

der Koeffizient für die freie Diffusion der Elektronen

$$D_e = \frac{1}{3e_0}\sqrt{\frac{2}{m_e}} \int_0^\infty \frac{n_e^n(\epsilon)}{\sum_s N_s\sigma_s}\sqrt{\epsilon}\,d\epsilon \tag{3.13}$$

und die mittlere Elektronenenergie

$$\bar{u} = \frac{2}{3e_0^2} \int_0^\infty n_e^n(\epsilon)\epsilon\,d\epsilon \tag{3.14}$$

folgen direkt aus den Lösungen der Boltzmanngleichung, die Driftgeschwindigkeit der Elektronen ist in Kapitel 2.2.4 definiert. Aus der direkten Proportionalität zwischen Elektronendichte und Stromstärke, Gleichung (2.57), läßt sich die eingekoppelte Leistungsdichte

$$jE = N_e v_{D} e_0 E \tag{3.15}$$

bestimmen.

Die im folgenden dargestellten Elektronenenergieverteilungsfunktionen sind typisch für die jeweilige Anregungsart und den thermodynamischen Gaszustand. Um eine Absicherung der Ergebnisse durch Vergleich mit Werten aus der Literatur [16] zu ermöglichen, sind der gewählte thermodynamische Zustand und die reduzierte Feldstärke untypisch für die Betriebsbedingungen des CO_2-Lasers. Die grundlegenden Aussagen bleiben jedoch auch für den Parameterbereich des Lasers gültig. Bild 3.2 zeigt die Elektronendichteverteilung für eine Gleichstromentladung. Das Maximum der Teilchendichte befindet sich in dem niederenergetischen Bereich, der für die Vibrationsanregung von Bedeutung ist. Höhere reduzierte Feldstärken verlagern das Maximum der Elektronendichte in Richtung größerer Elektronenenergien bei gleichzeitiger Verringerung seiner Höhe und verteilen die Elektronen ausgewogener auf den Energiebereich.

Bei einer plötzlichen Erhöhung der Feldstärke auf das Vierfache ihres Ausgangswerts kann die Umverteilung der Energien in den Elektronen dem Feld nicht mehr sofort folgen, Bild 3.3. Der stationäre Energiezustand entsprechend der geänderten Feldstärke stellt sich zeitlich verzögert ein. Die Einstellzeit liegt im Picosekundenbereich, für größere Feldstärkenänderungen werden Nachlaufzeiten im Millisekundenbereich erreicht.

Eine weitere Zeitabhängigkeit der Elektronenenergieverteilung ist in Bild 3.4 am Beispiel einer Wechselstromentladung mit einer Anregungskreisfrequenz im Bereich der Energierelaxationsfrequenz dargestellt. In dem Diagramm ist der Periodenanfang durch die durchgezogenen Linien dargestellt, gefolgt von den gestrichelten Linien. Die Linien zum Periodenende sind gepunktet. Deutlich ist auch hier das beschriebene Nachlaufverhalten der

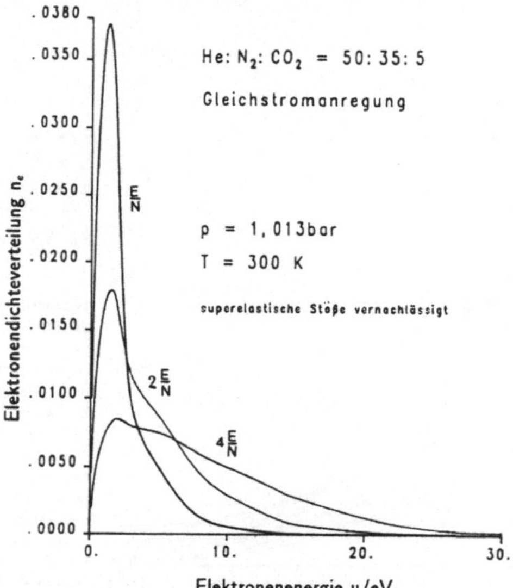

Bild 3.2: **Elektronendichteverteilungsfunktion bei Gleichstromentladung mit E/N = 5·10⁻¹⁶ Vcm²**

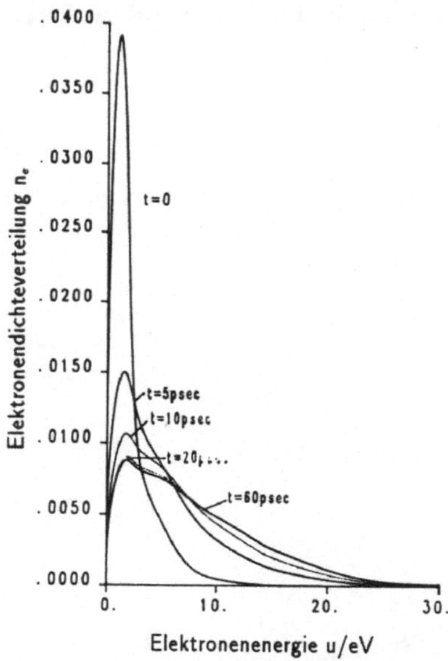

Bild 3.3: **Elektronendichteverteilungsfunktion bei instationärer Gleichstromentladung mit instantaner Erhöhung der reduzierten Feldstärke E/N = 5·10⁻¹⁶ Vcm² auf E/N = 20·10⁻¹⁶ Vcm²**

Verteilung gegenüber der Feldperiodizität zu erkennen. Zum Periodenende (Zeitschritt 15),

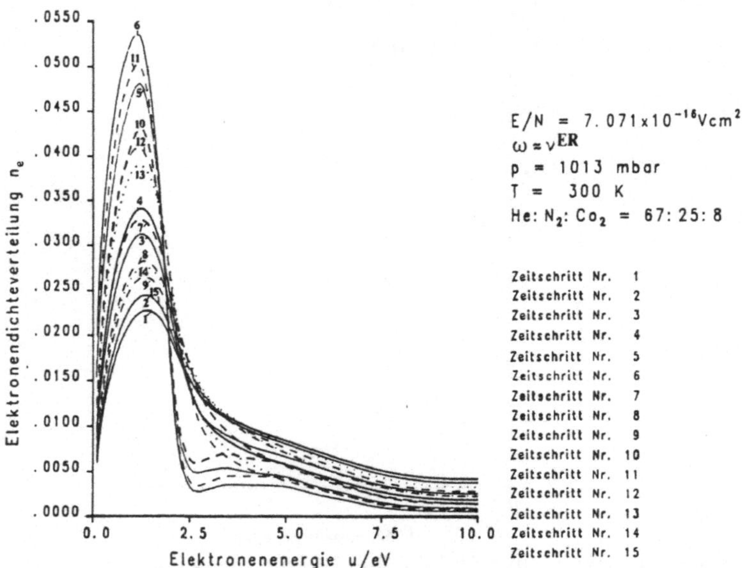

Bild 3.4: Elektronendichteverteilungsfunktion innerhalb einer Hochfrequenzperiode bei Anregungsfrequenzen im Bereich der Energierelaxationsfrequenz

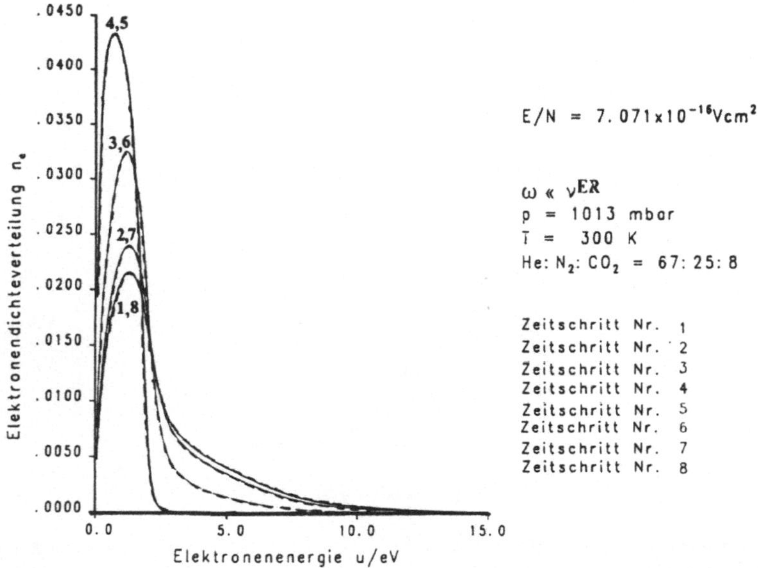

Bild 3.5: Elektronendichteverteilungsfunktion innerhalb einer Hochfrequenzperiode mit Anregungsfrequenzen sehr viel kleiner als die Energierelaxationsfrequenzanregung

ist der anfängliche Zustand (1) noch nicht wieder erreicht.

Ganz anders stellt sich die Zeitabhängigkeit für kleine Anregungsfrequenzen in Bild 3.5 dar. Die Symmetrie der $\cos^2\omega t$-Periode des Feldstärkenbetrags wird voll an die Elektronenenergieverteilung übergeben. Die gestrichelten Kurven des zweiten Periodenviertels fallen mit den zeitlich spiegelsymmetrischen aus dem ersten Periodenviertel zusammen. Im zeitlichen Mittel werden Elektronenenergieverteilungen entsprechend dem mittleren Feldstärkenbetrag der Wechselfeldperiode erzielt.

Da die Kinetik nicht zeitaufgelöst behandelt wird, können neben der Gleichstromanregung und der Anregung bei Frequenzen größer als die Energierelaxationsfrequenz nur Wechselfelder mit deutlich kleineren Anregungskreisfrequenzen als die Energierelaxationsfrequenz für die Beschreibung der Laserstrahlerzeugung berücksichtigt werden. Nur für diese Bereiche lassen sich zeitunabhängige Anregungsraten und Elektronendichten direkt oder über Mittelwertbildung angeben.

3.1.2 Elektronendichte und Plasmaeigenschaften

Die Anzahl der freien Elektronen im Plasma folgt bei bekannten Anregungs- und Transporteigenschaften des Feldes aus der Integration der Teilchenbilanzgleichung (2.50). Für die ortsabhängige Berechnung der Elektronen ist von einer modifizierten Bilanzgleichung (2.50) auszugehen. Für die Integration entlang der Strömungsachse ist die zeitabhängige Differentialgleichung gemäß $dt = dx/v$ in eine ortsabhängige Differentialgleichung zu transformieren. Dabei bezeichnen v die Strömungsgeschwindigkeit, dt den differentiellen Zeitabschnitt und dx das Ortsdifferential.

Dabei sind die dominierenden Prozesse die Elektronenproduktion und die Elektronenvernichtung. Diese binden die Anzahl freier Elektronen an den thermodynamischen Zustand und das elektrische Feld. Aus diesem Grund werden die Plasmaeigenschaften einschließlich der Elektronendichte in Abhängigkeit von der reduzierten Feldstärke beschrieben, Bild 3.6. Diese Zuordnung ist jedoch nicht eindeutig.

Wie aus den Gleichungen (3.8, 3.10 und 3.11) direkt folgt, und ein Vergleich der Bilder 3.6 und 3.7 zeigt, führen gleiche reduzierte Feldstärken bei unterschiedlichen thermodynamischen Zuständen und elektrischen Feldstärken zu unterschiedlichen Entladungseigenschaften. So ist z.B. die Elektronendichte für den Fall $E = 1200$ Vcm^{-1} und $N = 2.4 \cdot 10^{18}$ cm^{-3}, Bild 3.7, trotz identischer reduzierter Feldstärke von $5 \cdot 10^{-16}$ Vcm^2 fast doppelt so groß wie im Falle $E = 750$ Vcm^{-1} und $N = 1.5 \cdot 10^{18}$ cm^{-3}, Bild 3.6. Da aber die Elektronendichte für die lasertypischen kleinen reduzierten Feldstärken sehr empfindlich auf deren Veränderung reagiert, wie beide Bilder zeigen, ist die konventionelle Beschreibung mit der Elektronendichte als Funktion der reduzierten Feldstärke für die meisten Betrachtungen ausreichend. Auf diese Weise läßt sich der kombinierte Einfluß von thermodynamischem Zustand und elektrischem Feld auf die Laseraktivität direkt beurteilen. Bei der ortsauf-

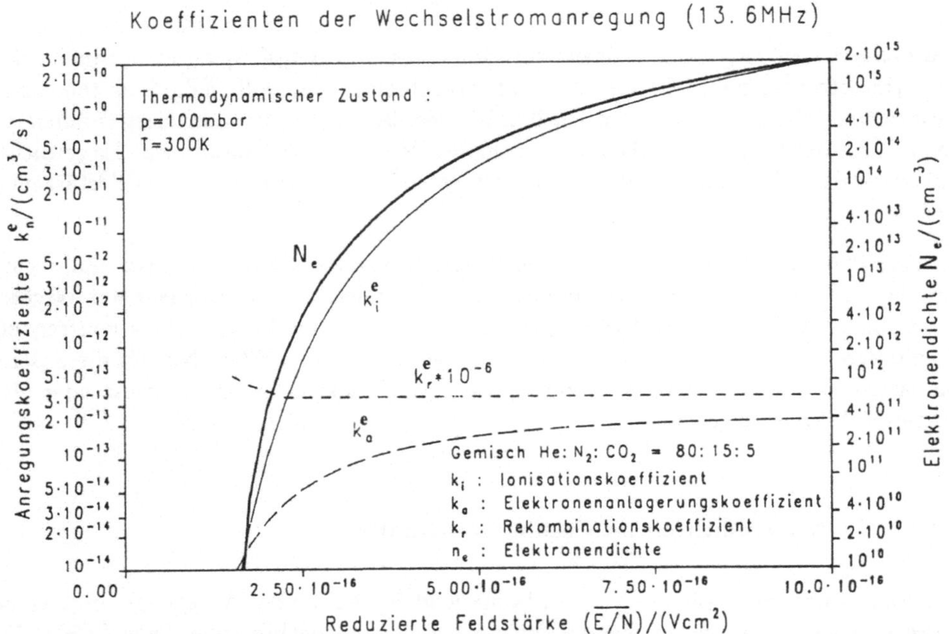

Bild 3.6: **Abhängigkeit der Elektronendichte von der elektrischen Feldstärke, die Anregungsfrequenz beträgt 13.6 MHz, die mittlere reduzierte Feldstärke wird über eine Variation der mittleren Feldstärke verändert**

gelösten Betrachtung der Verstärkungseigenschaften des Lasers müssen zur Erklärung der elektrophysikalischen Vorgänge die Einflüsse von Thermodynamik und elektrischem Feld getrennt behandelt werden.

Ein Vergleich der Debyelänge mit der charakteristischen Abmessung der Entladungsstrecke zeigt, daß das Lasergasgemisch die Plasmabedingung erfüllt. Für typische Lasergasentladungen bei einem Druck von 100 mbar und reduzierten Feldstärken von wenigen 10^{-16} Vcm^2 liegen etwa 10^{10} Elektronen pro Kubikzentimeter Entladungsraum bei einer Elektronentemperatur um 10^4 Kelvin vor. Wählt man als charakteristische Dimension der Entladung den Elektrodenabstand, so ergibt sich ein Verhältnis von Debyelänge zu Entladungsbreite von 10^{-3}. Mit diesem kleinen Wert ist die Forderung nach Quasineutralität des angeregten Gasgemischs für die Modellierung erfüllt.

3.1.3 Selbstkonsistente Feldstärkenbestimmung

Die Höhe der elektrischen Feldstärke im Entladungsraum ist durch die Speisespannung U_G, Bild 3.8, festgelegt. Abhängig von der Anregungsart entwickelt sich die Feldstärke in der

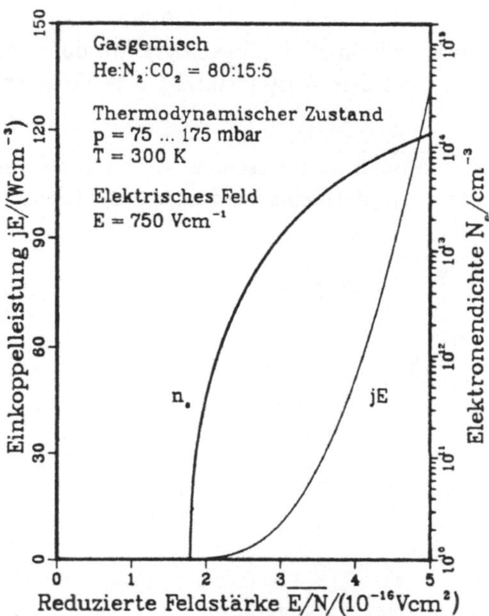

Bild 3.7: **Abhängigkeit der Elektronendichte vom thermodynamischen Zustand des Mediums, die Anregungsfrequenz beträgt 13.6 MHz, die mittlere reduzierte Feldstärke wird über eine Variation des Drucks verändert**

Entladungszone entlang der Strömungsachse.

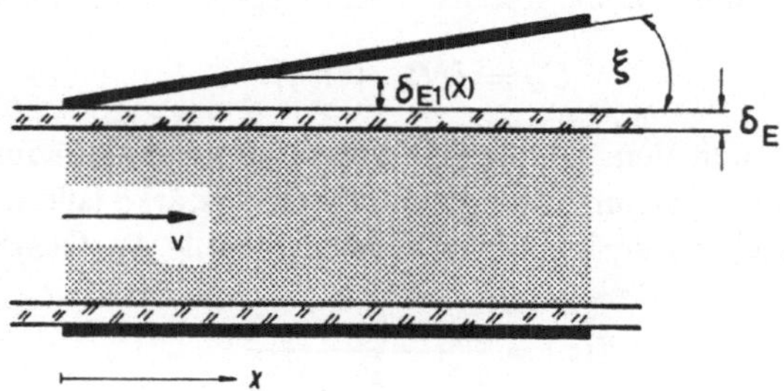

Bild 3.8: **Verkippung der Elektrode in Strömungsrichtung zur Formung des elektrischen Feldes**

Im Falle der Gleichstromentladung, Bild 2.10, läßt sich die Feldstärke über die Regelung der Kompensationswiderstände vor der segmentierten Elektrode beeinflussen. Bei Wechselspannung genügt eine Modifikation des Dielektrikums in Form unterschiedlicher

Materialien oder variabler Dicke, wie in Bild 3.8 skizziert, wo durch eine Verkippung der Elektrode in Strömungsrichtung mit dem Anstellwinkel ζ eine Veränderung der Feldstärke erreicht wird.

Um diese Zusammenhänge im Modell zu erfassen, wird von stark vereinfachten Ersatzschaltbildern 3.9 für beide Entladungsformen ausgegangen. Die Gleichstromentladung läßt

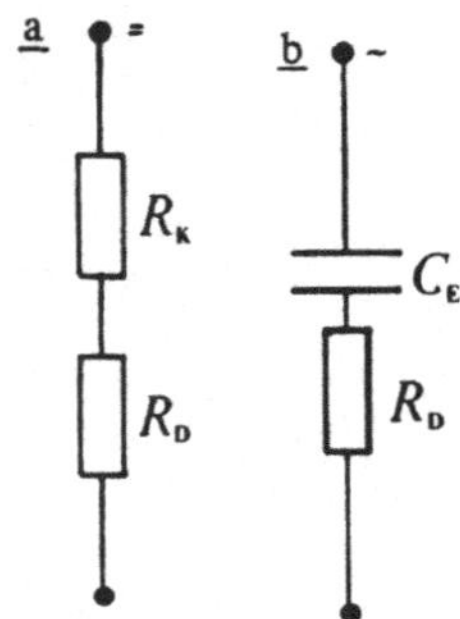

C_E := Kapazität der Einkopplung
C_D := Komplexe Kapazität der Entladung
R_D := Ohmscher Widerstand der Entladung
R_K := Kompensationswiderstand

Bild 3.9: **Ersatzschaltbilder für die Feldstärkenberechnung**

sich sehr einfach als eine parallele Anordnung von in Reihe geschaltetem Kompensationswiderstand R_K und Entladungswiderstand R_D auffassen, Bild 2.10. Ein Segment aus dieser Parallelschaltung ist in Bild 3.9a dargestellt. Damit ergibt sich die angelegte Spannung

$$U_G = J(R_K + R_D) \tag{3.16}$$

mit der Stromstärke J und dem Ohmschen Widerstand der Entladung R_D. Über den Zusammenhang zwischen Spannung und elektrischer Feldstärke läßt sich, mit der Stromdichte j und dem Querschnitt der stromdurchflossenen Säule A_e, Gleichung (3.16) auf die bekannten Größen

$$E(x) = \frac{U_G}{d + \varphi(x) A_e R_{K,i}}, \tag{3.17}$$

zurückführen. Die Abhängigkeit von der Ortskoordinaten x wird über die veränderliche elektrische Leitfähigkeit des Plasmas $\varphi(x)$ und die regelbaren Kompensationswiderstände $R_{K,i}$ bestimmt.

Die Wechselstromentladung, Bild 3.9b, läßt sich durch eine Serienschaltung von Kapazitäten darstellen. Die Einkoppelkapazität C_E berücksichtigt den Spannungsabfall im Dielektrikum. Die komplexe Impedanz der Entladung besteht in erster Näherung nur aus

Realteil und läßt sich daher auf einen Ohmschen Widerstand R_D reduzieren. Die Entwicklung des zeitlich gemittelten Feldstärkenbetrags in Strömungsrichtung ergibt sich aus dem Spannungsverlauf in Dielektrikum und Plasma

$$E(x) = \frac{U_G}{\sqrt{d^2 + \left[\frac{\varphi(x)A_e}{\omega\,C_E(x)}\right]^2}}\,. \tag{3.18}$$

Dabei ist $C_E(x)$ die über ein veränderliches Dielektrikum regelbare lokale Kapazität der Einkopplung.

3.2 Darstellung der Vibrationskinetik und der Laserleistungsdaten

3.2.1 Fünftemperaturmodell

Da sich innerhalb eines jeden Schwingungsmodes eine Boltzmannsche Besetzungsverteilung einstellt, genügt zur Beschreibung der Vibrationskinetik für kontinuierlich betriebene Laser die diskrete Behandlung der Vibrationsmoden. Die Vorgänge innerhalb der Schwingungsenergieniveaus eines Modes obliegen keiner detaillierten Betrachtung, da ihre Relaxationszeiten die der Intermodenübergänge um Größenordnungen unterschreiten. Jedem Mode ist eine hypothetische Temperatur für die thermische Besetzung, die Vibrationstemperatur, zugeordnet, der entsprechend sich die Boltzmannsche Besetzungsverteilung in den Energieniveaus einstellt. Diese charakteristische Temperatur bildet gemeinsam mit der Gastemperatur die Grundlage für die Mehrtemperaturmodelle der Vibrationskinetik. Die Anzahl der darin berücksichtigten Temperaturen ist abhängig von den Komponenten des laseraktiven Mediums und der Strukturierung seines Modenbildes. Zum vollständigen Erfassen der laserrelevanten Zustandsänderungen im CO_2-Strömungslaser genügen die Schwingungstemperaturen der drei Kohlendioxidmoden und der Stickstoffschwingung zusammen mit der Translationstemperatur des Gasgemischs. Dissoziationsvorgänge finden lediglich in der Reduktion der Elektronendichte Berücksichtigung. Die in diese Vorgänge investierte Energie ist für die übrigen Anregungsformen verloren.

Bild 3.10 zeigt die Energieübertragungsvorgänge in einem Fünftemperaturmodell. Die Nettoenergieflüsse in Folge der unelastischen Stöße zwischen den schweren Teilchen sind durch die Pfeilrichtung gekennzeichnet, die Elektronenstoßanregung ist zusätzlich durch e^- symbolisiert.

Den Moden sind ihre Vibrationstemperaturen wie folgt zugeordnet:

T_1 der symmetrischen Schwingung (UL) ,

T_2 der zweifach entarteten Biegeschwingung,
T_3 der unsymmetrischen Längsschwingung (OL) des CO_2 und
T_4 der Stickstoffschwingung.

Die Gastemperatur T repräsentiert mit dem nichtangeregten Zustand der Moleküle den makroskopischen Zustand des Mediums und die charakteristische Temperatur der Rotation.

Die Wahrscheinlichkeit eines bestimmten Übergangs ist umso größer, je kleiner die zugehörige Relaxationszeit τ ist. Die Relaxationszeit hängt von dem für Mode und Spezies typischen Relaxationskoeffizienten und der aktuellen Besetzungssituation in den einzelnen Niveaus ab. Alle vier Schwingungsmoden gewinnen Energie aus den Stößen mit Elektronen in einem stationären Gleichgewicht von An- und Abregungsvorgängen. Die Energien des oberen Laserniveaus und des ersten Niveaus der Stickstoffschwingung sind ebenso wie die Energien des unteren Laserniveaus und der Biegeschwingung des Kohlendioxids fast gleich groß. Dadurch wird innerhalb der Termpaare ein nahezu verlustfreier Energietransfer ermöglicht, der für die intermolekularen Stöße zu einer Höherbesetzung des oberen Laserniveaus und für die Intramolekülstöße zur verstärkten Entvölkerung des unteren La-

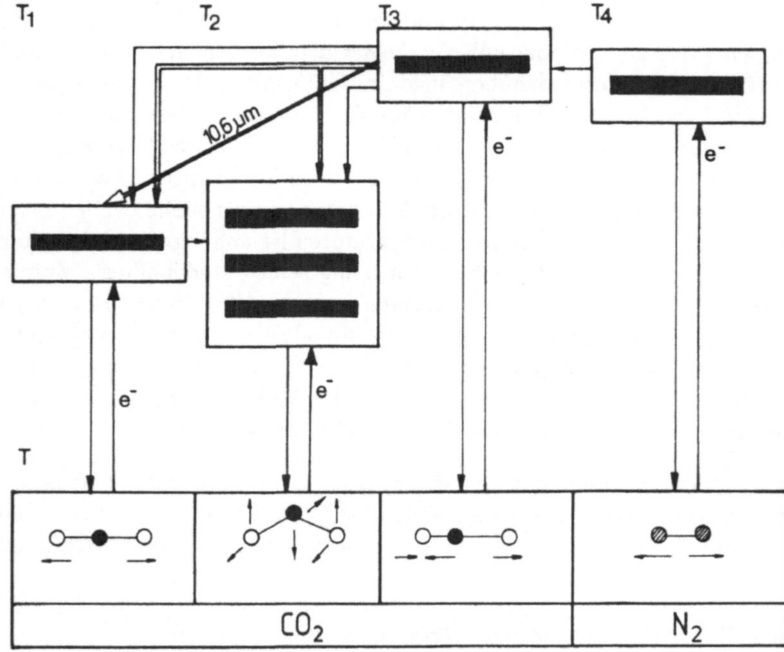

Bild 3.10: **Fünftemperaturmodell mit Nettoenergieübergängen der Intermolekularen Stöße und Elektronenstoßanregung**

serniveaus führt. In einem Quantenaustausch, der sich im statistischen Mittel zwischen oberem Laserniveau und unterem Laserniveau gemeinsam mit dem Biegeschwingungsmode vollzieht [16], und einem weiteren isolierten Übergang vom unsymmetrischen Schwingungsmode in die Biegeschwingung wird das obere Laserniveau abgeregt. Die verbleibende Besetzungsinversion wird in stimulierter Emission für den Laserübergang genutzt. Das Modell berücksichtigt den für den Hochleistungsbereich relevanten 10.6 μm-Übergang, der ohne zusätzliche technische Hilfe im Laseroszillator anschwingt. Effektivität und Güte der Laserstrahlerzeugung resultieren aus dem Zusammenwirken aller Energietransferprozesse zwischen den angeregten Teilchen im Entladungsraum.

Wegen der Quantelung der Schwingungsenergie lassen sich die Energieaustauschvorgänge zwischen den Moden sehr einfach durch die Änderung ihrer Besetzungsdichten interpretieren. Im kontinuierlichen Betrieb lauten die ortsaufgelösten Ratengleichungen für die Boltzmannfaktoren der in Bild 3.10 vorgestellten Übergänge

$$
\begin{aligned}
\frac{du}{dx} = \frac{1-u^2}{v} \Big[& (k^e_{000\uparrow100} - k^e_{100\downarrow000}u)(1-u)(1-s)^2(1-r)N_e \\
& - k_{100\downarrow000}\frac{\bar{u}-u}{1-u} - 2k_{100\downarrow020}\Big(\frac{u(1+s)}{(1-u)(1-s)} - 2\frac{\nu_2}{\nu_1}\frac{s^2}{(1-s)^2}\Big) \\
& + k_{001\uparrow110}\frac{\bar{u}\bar{s}r - us\bar{r}}{\bar{u}\bar{s}(1-u)(1-s)(1-r)} + \frac{\sigma_{stim}}{h\nu^*}\Delta N I_c\Big] ,
\end{aligned}
\tag{3.19}
$$

$$
\begin{aligned}
\frac{ds}{dx} = \frac{1-s^2}{v} \Big[& (k^e_{000\uparrow0i0} - k^e_{0i0\downarrow000}s)(1-u)(1-s)^2(1-r)N_e \\
& - k_{0i0\downarrow000}\frac{\bar{s}-s}{1-s} + 2k_{100\uparrow020}\Big(\frac{\nu_1}{\nu_2}\frac{u(1+s)}{(1-u)(1-s)} - \frac{2s^2}{(1-s)^2}\Big) \\
& + k_{001\uparrow110}\frac{\bar{u}\bar{s}r - us\bar{r}}{\bar{u}\bar{s}(1-u)(1-s)(1-r)} \\
& + k_{001\uparrow020}\frac{r\bar{s} - s\bar{r}}{\bar{s}(1-s)(1-r)}\Big] ,
\end{aligned}
\tag{3.20}
$$

$$
\begin{aligned}
\frac{dr}{dx} = \frac{1-r^2}{v} \Big[& (k^e_{000\uparrow001} - k^e_{001\downarrow000}r)(1-u)(1-s)^2(1-r)N_e \\
& - k_{001\downarrow000}\frac{\bar{r}-r}{1-r} - k_{001\downarrow020}\frac{r\bar{s} - s\bar{r}}{\bar{s}(1-s)(1-r)} \\
& - k_{001\downarrow110}\frac{\bar{u}\bar{s}r - us\bar{r}}{\bar{u}\bar{s}(1-u)(1-s)(1-r)} \\
& + k_{1,000\uparrow0,001}\frac{\psi_{N_2}}{\psi_{CO_2}}\frac{q\bar{r} - r\bar{q}}{\bar{r}(1-r)(1-q)} - \frac{\sigma_{stim}}{h\nu^*}\Delta N I_c\Big] ,
\end{aligned}
\tag{3.21}
$$

$$
\begin{aligned}
\frac{dq}{dx} = \frac{1-q^2}{v} \Big[& (k^e_{0\uparrow1} - k^e_{1\downarrow0}q)(1-q)N_e \\
& - k_{1\downarrow0}\frac{\bar{q}-q}{1-q} - k_{1,000\downarrow0,001}\frac{q\bar{r} - r\bar{q}}{\bar{r}(1-r)(1-q)}\Big\}\Big] .
\end{aligned}
\tag{3.22}
$$

Die Änderung der Besetzungsdichten entlang der Strömungsachse ist abhängig von dem Energiegewinn aus den Elektronenstößen (1. Term auf der rechten Seite), der Relaxation in die Translation (2. Term), der Energiebilanz aus den Vibrations-Vibrationsstößen und dem Strahlungsübergang (letzter Term in den Gleichungen für das untere und obere Laserniveau). Die Indizierung der halbempirischen Relaxationskoeffizienten k verdeutlicht Quelle und Richtung (Gewinn ↑ oder Verlust ↓ für das betrachtete Niveau) der Energieübertragung, ψ_{CO_2} und ψ_{N_2} sind die Molanteile der Gaskomponenten CO_2 und N_2. Die Boltzmannkoeffizienten mit Querstrich entsprechen einer Besetzungsverteilung im thermodynamischen Gleichgewicht entsprechend der Gastemperatur. Das Differentialgleichungssystem läßt sich in einem Prädiktor-Korrektor Verfahren integrieren. Die Lösungen der Ratengleichungen bilden die Grundlage für die Berechnung der Laserleistungsdaten.

3.2.2 Verstärkungsverhalten des laseraktiven Mediums

Der Koeffizient der Kleinsignalverstärkung g_0 und die Sättigungsintensität I_s charakterisieren gemeinsam das laseraktive Medium hinsichtlich seiner Eignung für die Strahlerzeugung. Aus der Definitionsgleichung (2.21) läßt sich mit den Lösungen des Fünftemperaturmodells der ortsaufgelöste Kleinsignalverstärkungskoeffizient in Strömungsrichtung berechnen. Dazu müssen der Wirkungsquerschnitt σ_{stim} für die stimulierte Emission und die Besetzungsdichteinversion zwischen oberem und unterem Laserniveau

$$\Delta N = [\Upsilon(J)\, r - \Upsilon(J+1)\, u]\ (1-u)(1-s)^2(1-r)N_{CO_2} \qquad (3.23)$$

an jedem Ort der Strömung bekannt sein.

Bild 3.11 zeigt exemplarisch zwei Entwicklungen des Kleinsignalverstärkungskoeffizienten, wie sie bei gleichen gasdynamischen Anfangsbedingungen aber unterschiedlich hoher Energiezufuhr erreicht werden können. Kurve <u>a</u> stellt eine Verstärkungsform mit ausgeprägtem Maximum zu Beginn der Entladungsstrecke dar, gefolgt von einem schnellen Absinken der Verstärkungswerte. Ursachen für die rasche Verstärkungsabnahme sind eine in Folge der eingekoppelten Energie stark erhöhte Gastemperatur und/oder eine gesättigte Vibrationstemperatur im oberen Laserniveau durch verstärkte Elektronenabregung [69]. Läßt sich die Besetzungsinversion durch Energiezufuhr nicht weiter erhöhen, liegt Sättigungsverhalten vor. Die fortdauernde Energieeinkopplung führt durch verstärkte thermische Besetzung der Energieniveaus zu einer Verringerung der Besetzungsinversion und nach $g_0 = \sigma_{stim}\,\Delta N$ sofort zu einer Reduktion der Kleinsignalverstärkung. Im Gegensatz dazu stellt sich bei Kurve <u>b</u> in der gesamten Entladungsstrecke keine Sättigung ein. Hier wurde die eingekoppelte Energie so klein gewählt, daß die angesprochenen Begrenzungseffekte für die Kleinsignalverstärkung nicht auftreten. Eine Steigerung der Energiezufuhr erhöht stetig die Verstärkungswerte, bis am Rohrende Sättigung auftritt. Mit fortgesetzter Energiesteigerung wandert der Ort einsetzender Sättigung zum Anfang der Entladungsstrecke, bis bei

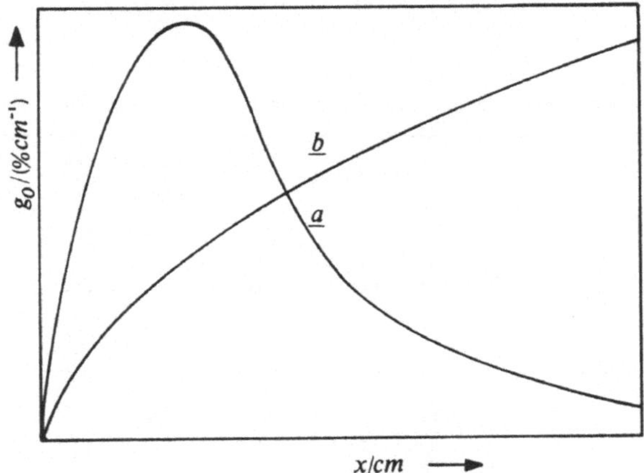

Bild 3.11: **Exemplarisch ausgewählte** g_0**-Profile zur Verdeutlichung unterschiedlichen Verstärkungsverhaltens in der Kavität**

übereinstimmender Energieeinkopplung das Profil aus Kurve a erreicht wird. Die Kurven zeigen damit typische Verläufe der Kleinsignalverstärkungskoeffizienten, a bei Energiezufuhr über die Sättigungsgrenze und b im ungesättigten Bereich. Beide Profile der lokalen Kleinsignalverstärkungskoeffizienten unterliegen dem gemeinsamen Einfluß von thermodynamischem Gaszustand und zugeführter Energie.

Die Kleinsignalverstärkung allein läßt noch keine vergleichende Aussage über die Effizienz von Anregung und Medium zu. Dazu muß die Sättigungsintensität als zusätzliches Charakteristikum herangezogen werden. Für die Berechnung der Sättigungsintensität sind in der Literatur verschiedene Näherungsmöglichkeiten angeboten von Svelto [24], Wittemann [30] und Schulz-Dubois [70], von denen die beiden ersten im wesentlichen eine Auslegung der von Demaria [36] vorgestellten Methode darstellen. Ein Vergleich der Ergebnisse aus den verschiedenen Rechnungsverfahren, Bild 3.12, zeigt, daß die resultierende Sättigungsintensität wesentlich von der Interpretation der Relaxationszeiten τ^{ijk} und von der Berechnung der Halbwertsbreite der dominierenden Linienverbreiterung abhängt [16], [30], [71], [72]. Für einen festen Wert der Halbwertsbreite $\Delta\nu$ differieren die Beträge der errechneten Intensitäten um eine Größenordnung, Bild 3.12. Als Folge des unterschiedlich berücksichtigten Strömungseinflusses ist ihr ortsaufgelöstes Verhalten ebenfalls nicht konsistent.

Untersuchungen von Hotz und Ferrer [73] haben gezeigt, daß die nach Demaria [36] berechneten Sättigungsintensitäten um den Faktor 100 von den experimentellen Daten abweichen. Die Ursache hierfür ist nach Gilbert [74] in der vereinfachten Behandlung der Rotationsübergänge zu sehen. Die Übergänge zwischen den Rotationsniveaus werden der Linie mit der maximalen Besetzungsdifferenz zugeschrieben. Dieser Übergang liegt für Lasergasgemische im relevanten Temperaturbereich (300 K - 500 K) zwischen P(18) und

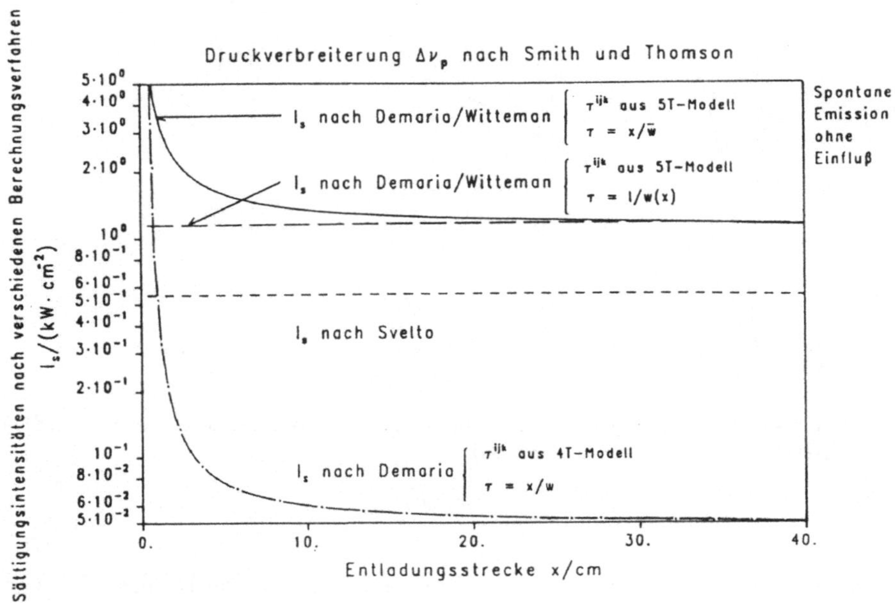

Bild 3.12: Sättigungsintensitäten nach unterschiedlichen Rechenverfahren

P(22). Das der aktuellen Gastemperatur zugehörige J_{opt} des oberen Laserniveaus läßt sich annähern durch den nächstliegenden ganzzahligen Wert [56] von

$$J_{opt} \approx \sqrt{\frac{kT}{2hcB}} \, .$$
(3.24)

Alle auftretenden Übergänge werden diesem einen Rotationsniveau mit optimalem J-Wert zugeschrieben. Tatsächlich sind aber mehrere Rotationsniveaus durch Relaxationsvorgänge zum Auffüllen des über Strahlung entleerten Niveaus in den Prozeß involviert. Wie in [73] gezeigt, ist deren Beitrag zur Laserstrahlerzeugung gleichzusetzen mit einem Anstieg der Halbwertsbreite für die Stoßverbreiterung der Laserlinie. Dies führt im Grenzfall unendlich schneller Relaxation zu einer Verringerung des Wirkungsquerschnitts für die stimulierte Emission um den Boltzmannfaktor für den Rotationsübergang mit der höchsten Verstärkung [74]. Der derart reduzierte Wirkungsquerschnitt wird als effektiver Wirkungsquerschnitt der stimulierten Emission

$$\sigma_{stim}^{eff} = \Upsilon(J)\sigma_{stim}$$
(3.25)

bezeichnet. Die Größe $\Upsilon(J)$ entspricht dem Boltzmannfaktor des dem oberen Laserniveau überlagerten Rotationsniveaus für den Laserübergang. Damit schreibt sich die Bestimmungsgleichung (2.25) für die Sättigungsintensität

$$I_s = \frac{h\nu^*}{\tau^R \sigma_{stim}^{eff}} \cdot \qquad (3.26)$$

Für thermodynamische Standardbedingungen im CO_2-Strömungslaser (p = 100 mbar / T = 400 K) und einer reduzierten Feldstärke von wenigen 10^{-16} Vcm^2 unterscheiden sich effektiver Wirkungsquerschnitt und Standardwirkungsquerschnitt für die stimulierte Emission etwa um den Faktor 100, so daß die Sättigungsintensität nach der korrigierten Berechnungsweise um eben diesen Faktor größer ist. Da die Relaxation innerhalb der Rotationsniveaus keinen Einfluß auf die Kleinsignalverstärkung hat, bleibt für sie auch weiterhin der ursprüngliche Wirkungsqerschnitt σ_{stim} bestimmend.

Für den betrachteten Lasertyp ist neben den Relaxationszeiten der Laserniveaus auch die Verweildauer des Teilchens im Entladungsraum von Bedeutung. Nach [30], [36] läßt sich Gleichung (3.26) ausführen zu

$$I_s = \frac{h\nu^*}{\sigma_{stim}^{eff}} \frac{1}{\frac{\tau_{OL}^R \tau_G}{\tau_{OL}+\tau_G} + \frac{\tau_{UL}^R \tau_G}{\tau_{UL}^R+\tau_G}} \cdot \qquad (3.27)$$

Für die ortsaufgelöste Betrachtung ist τ_G als die über die aktuelle Strömungskoordinate gemittelte Verweildauer des Teilchens in der Entladungsstrecke zu interpretieren. Auch die Relaxationszeiten aus der Kinetik sind über die momentan zurückgelegte Strecke gemittelt. Sie ergeben sich nach [16] aus den experimentell gewonnenen Relaxationskoeffizienten und dem thermodynamischen Zustand des Mediums. Die Stoßabregung des oberen und unteren Laserniveaus vollzieht sich in verschiedenen, parallel stattfindenden Transfervorgängen, deren Koordination in der Berechnung der Gesamtrelaxationszeit τ^R Berücksichtigung findet.

Die nach dieser Vorgehensweise berechnete Sättigungsintensität, Bild 3.12, durchgezogene Kurve, zeigt den typischen Verlauf der Sättigungsintensität in Strömungsrichtung mit exponentiellem Abfall von einem hohen Anfangswert, während jede andere Behandlung der Relaxations- und Verweilzeiten zu nahezu konstanten Sättigungsintensitäten in der Entladungszone führt. Desweiteren beweist Bild 3.12 die Bedeutung der detaillierten Betrachtung aller Schwingungsmoden des CO_2-Moleküls. Die strichpunktierte Kurve zeigt das Ergebnis für die Sättigungsintensität, berechnet mit einem Viertemperaturmodell bei ansonsten identischen Randbedingungen und korrekter Behandlung der Relaxations- und Verweilzeiten. Zwar führen beide Modellstufen zu dem gleichen Sättigungsintensitätsverlauf, doch liegen die Kurven um ein bis zwei Größenordnungen auseinander. Dadurch, daß das Viertemperaturmodell nicht alle Transferprozesse aus dem oberen und unteren Laserniveau berücksichtigen kann, liefert es zu kleine Werte für die Sättigungsintensität. Die Ergebnisse aus dem Fünftemperaturmodell haben sich in Vergleichen mit Intensitätswerten aus Messungen an quergeströmten Lasern bestätigt.

3.2.3 Strahlungsfeld und Oszillatorbetrieb

Da Strömungsachse und optische Achse im längsgeströmten CO_2-Laser parallel verlaufen, trifft eine elektromagnetische Welle in jedem Ort x auf geänderte Bedingungen für die stimulierte Emission. Der Rotationsübergang, der die maximale Kleinsignalverstärkung liefert, wird im Oszillatorbetrieb verstärkt. Ist die Anschwingbedingung, Gleichung (2.31), erfüllt, stellt sich entsprechend der vom Resonator geforderten Verstärkung g^R, Gleichung (2.30), das longitudinale Intensitätsprofil

$$\frac{dI_c}{dx} = \frac{\lambda^2 \Delta N I_c}{4\pi^2 \Delta\nu\tau_{sp}} + \frac{2\lambda^2 h\nu^* d\nu N_{CO_2}\,\Upsilon(J)\,r(1-u)(1-s)^2(1-r)}{\pi A_a\tau_{sp}\Delta\nu} - \frac{I_c}{c\tau_c} \tag{3.28}$$

ein. Die Spiegelfläche ist mit A_a bezeichnet. Die Gleichung beschreibt die Verstärkung einer Anfangsintensität $I_c^0 \neq 0$, der das Medium nach dem Eintritt in die Kavität abhängig von dem lokalen Gaszustand unterliegt. Diese Anfangsintensität muß iterativ berechnet werden. Bei bekanntem Intensitätsverlauf entlang der optischen Achse, Gleichung (3.28), ist die korrekte Anfangsintensität dann gefunden, wenn die mittlere Verstärkung des Mediums $\bar{g}$ der vom Resonator geforderten Verstärkung g^R entspricht. Ausgehend von einem ersten Wert für I_c^0 aus Gleichung (2.32) wird die Anfangsintensität solange angepaßt, bis eine Übereinstimmung in den Verstärkungen eintritt. Bemühungen, in jedem Ort eine Übereinstimmung in den Verstärkungen zu erzielen [75], führen zu Intensitätsspitzen in der Kavität, die im Experiment nicht bestätigt werden konnten [76]. Da die Verstärkung g^R keine ortsaufgelöste Größe darstellt, ist ihre Übereinstimmung mit der mittleren Verstärkung $\bar{g}$ des Mediums die korrekte Randbedingung für den Oszillatorbetrieb.

Zur Auswertung jeder Anfangsintensität ist die Berechnung der gesamten Resonatorstrecke notwendig. Die Anzahl der erforderlichen Iterationen ist abhängig von den thermodynamischen, elektrischen und geometrischen Vorgaben des Systems und liegt zwischen 10 und 100 Durchläufen.

Ist die Intensitätsverteilung im Resonator bekannt, läßt sich daraus die Laserleistung nach Gleichung (2.35) bestimmen. Bild 3.13 zeigt die Sättigungsintensität zur Charakterisierung der Verstärkungseigenschaften des Mediums und die Strahlungsintensität bei Oszillatorbetrieb für eine konkrete Resonatorkonfiguration. Die Daten für die Berechnung sind in Tabelle 4.1 zusammengefaßt. Die Berücksichtigung der gasdynamischen Eigenschaften ist in Kapitel 3.3 beschrieben. Die Schwankung der Kavitätsintensität in Strömungsrichtung beträgt nur etwa 3 %.

3.2.4 Schluß von einer Strecke auf den Gesamtresonator

Die exakte Berechnung der Laserleistungsauskopplung aus einem kompletten Resonatorsystem im Multikilowattbereich gestaltet sich wegen der typischen Serien-Parallelschaltung

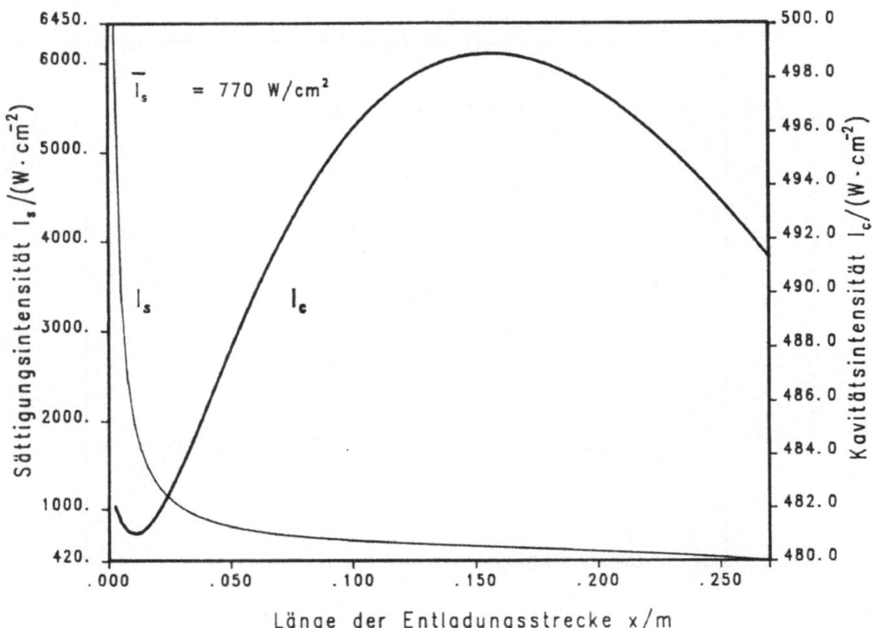

Bild 3.13: **Verlauf von Sättigungsintensität und Kavitätsintensität in der Entladungsstrecke bei DC-Anregung mit in Strömungsrichtung konstanter reduzierter Feldstärke E/N = 2.65 10^{-16} Vcm^2 bei p_0 = 100 mbar, w_0 = 200 m/s, T_0 = 300 K und einem Transmissionsgrad von 32 %**

des Optik-Strömungskomplexes, Kapitel 1.2, als nicht durchführbar. Um die Leistungsfähigkeit einer Entladungszone auf den Gesamtresonator hochrechnen zu können, wird daher auf verschiedene Näherungsverfahren zurückgegriffen.

Für eine erste Abschätzung lassen sich die Näherungsverfahren nach [27], [37] und [38] heranziehen, mit der Bedingung, daß die Auskoppelleistung P_n aus einem Resonator mit n Entladungsrohren der Auskoppelleistung aus einer Strecke mit der n-fachen Länge entspricht:

$$P_n = P(g_0, I_s) \cdot n \ . \tag{3.29}$$

Diese Verfahren setzen eine konstante Sättigungsintensität im gesamten System voraus. Wie Bild 3.14 jedoch zeigt, ändert sich selbst der 'Plateauwert' der Sättigungsintensität, x $\geq$ 5 cm, innerhalb einer Entladungsstrecke. Damit lassen sich die Voraussetzungen für die Gültigkeit des Näherungsverfahrens im längsgeströmten CO_2-Laser nur grob erfüllen.

Da eine antiparallele Entwicklung von Intensität und thermodynamischem Zustand, bedingt durch die Strömungsführung, siehe Bild 1.1, nicht berechenbar ist, liefert auch die numerische Beschreibung in der vorliegenden Form nur Näherungswerte für den Gesamt-

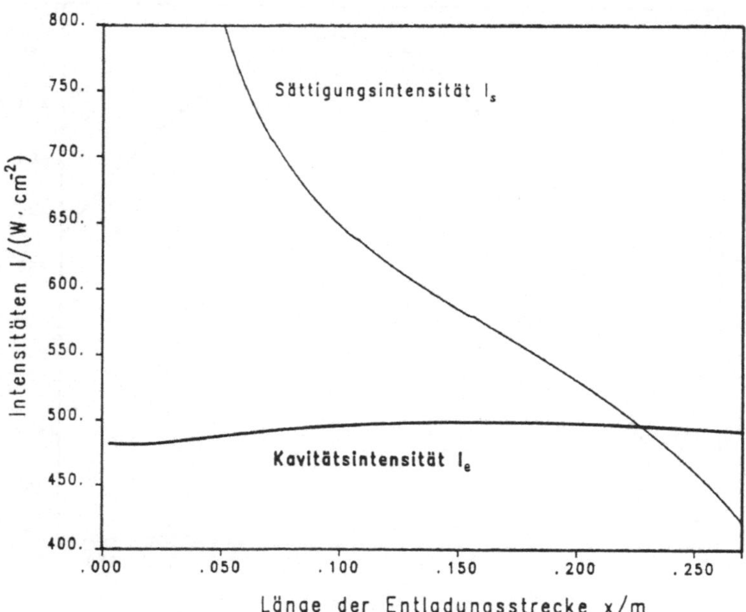

Bild 3.14: Darstellung der im vorigen Bild gezeigten Sättigungsintensität und Feldintensität bezogen auf die gleiche Ordinate zur Verdeutlichung der Relationen

resonator. Dabei muß zusätzlich berücksichtigt werden, daß der vom gesamten Resonator geforderten Verstärkung

$$g^R = \frac{R_e R_a}{2 l_A^n} \tag{3.30}$$

die gesamte Länge des laseraktiven Mediums $l_A^n = n l_A$ zugrundeliegt. Durch diese größere Länge sinkt der Schwellwert der Anschwingbedingung in den einzelnen Resonatorsegmenten gegenüber dem Wert in einem Resonator, bestehend aus nur einem Segment der Länge l_A. Daher lassen sich bei unveränderten Randbedingungen in derart verlängerten Resonatoren höhere Transmissionsgrade realisieren, obwohl auch die Verluste im Medium zunehmen.

3.3 Numerische Behandlung der Rohrströmung mit Wärmeeinkopplung

Die thermodynamischen Zustandsänderungen in der Entladungsstrecke sind geprägt von dem Zustand am Entladungseintritt, der Geometrie der Entladungszone und von dem

Energiefluß im laseraktiven Medium. Die Translationswärme Q^V ist die Summe aus direkter Aufheizung des Gases E^H und den Relaxationsverlusten der angeregten Teilchen E^R. Die Leistungsbetrachtung führt zu

$$\dot{Q}^V = \dot{E}^H + \dot{E}^R. \tag{3.31}$$

Von der eingekoppelten elektrischen Leistung ist nur der Anteil $\dot{E}_{M_s}$ durch Elektronenstoß in Vibrationsenergie umsetzbar. Diese Leistung ist dem Mode M der Spezies s zugeordnet und hängt von der Elektronendichte und den Gasdaten ab [6]

$$\sum_{M,s} \dot{E}_{M_s} = \sum_{M,s} \psi_s m \chi_{M_s} N_e R_G \sum_i \frac{iE_Q^{M_s}}{k}. \tag{3.32}$$

Es repräsentieren R_G die spezielle Gaskonstante, k die Boltzmannkonstante, m die Gemischmasse und $E_Q^{iM_s}$ die Anregungsenergie des Energieniveaus i im Mode M. Wird in die Leistungsbilanz nur die Anregung in die Vibrationsmoden aufgenommen, verbleibt im Gas pro Zeiteinheit

$$\dot{E}^H = jE - \sum_{M,s} \dot{E}_{M_s}. \tag{3.33}$$

Dabei sind die Anteile aus elektronischer Anregung und Ionisation vernachlässigt. Die Energie E^H führt zur Aufheizung und Beschleunigung des Gases. Ihr Anteil an der Gesamtenergie wächst über die Entladungsstrecke und kann am Ende der Entladungsstrecke durch zunehmende Sättigung der Vibrationsniveaus [69] Werte über 60 % annehmen. Diese Entwicklung ist in dem ortsabhängigen Heizungsbeiwert

$$c_H = \frac{\dot{E}^H}{jE} \tag{3.34}$$

berücksichtigt.

Die in den Relaxationsvorgängen an das Gas übertragene Energie pro Zeiteinheit umfaßt die Vibrations-Translationsstöße

$$\dot{E}_{VT}^R = N_{CO_2} h \left[k_{100\downarrow000}\, \nu_1 \frac{\bar{u} - u}{1 - u} + 2 k_{0i0\downarrow000}\, \nu_2 \frac{\bar{s} - s}{1 - s} + k_{001\downarrow000}\, \nu_3 \frac{\bar{r} - r}{1 - r} \right]$$
$$+ N_{N_2} h \left[k_{1\downarrow0}\, \nu_4 \frac{\bar{q} - q}{1 - q} \right] \tag{3.35}$$

ebenso wie die Verluste aus den Vibrations-Vibrationsstößen [15]

$$\dot{E}_{VV}^R = N_{CO_2} h \left\{ k_{001\downarrow020}\, (\nu_3 - \nu_2) \left[\frac{r\bar{b} - \bar{r}s}{\bar{s}(1 - s)(1 - r)} \right] \right.$$
$$+ k_{001\downarrow100,0i0}\, (\nu_3 - \nu_1 - \nu_2) \left[\frac{r\bar{u}\bar{s} - \bar{r}us}{(\bar{u}\bar{s}(1 - u)(1 - s)(1 - r)} \right] \right\}$$
$$+ N_{N_2} h k_{1,000 \to 0,001}\, (\nu_4 - \nu_3) \left[\frac{q\bar{r} - \bar{q}r}{\bar{r}(1 - r)(1 - q)} \right]. \tag{3.36}$$

Mit

$$\dot{E}^R = \dot{E}^R_{VT} + \dot{E}^R_{VV} \tag{3.37}$$

lassen sich in Anlehnung an [7] die kompletten Differentialgleichungen zur Beschreibung der gasdynamischen Vorgänge innerhalb der Entladungsstrecke formulieren:

$$\frac{dv}{dx} = \frac{v}{1-Ma^2}\left[\frac{\dot{Q}^v(\kappa-1)}{\kappa pv} + c_f\frac{2\frac{T_w}{T}+Ma^2(\kappa+1)-2}{2R}\right], \tag{3.38}$$

$$\frac{dMa}{dx} = \frac{Ma}{1-Ma^2}\left[\frac{\dot{Q}^v(\kappa-1)(1+\kappa Ma^2)}{2\kappa pv}\right.$$
$$\left. +c_f\frac{(\kappa Ma^2+1)(2\frac{T_w}{T}+Ma^2(\kappa-1))+2(Ma^2-1)}{4R}\right], \tag{3.39}$$

$$\frac{dp}{dx} = \frac{p}{1-Ma^2}\left[\frac{-\dot{Q}^v(\kappa-1)Ma^2}{pv} - c_f\kappa Ma^2\frac{2\frac{T_w}{T}+Ma^2(\kappa-1)}{2R}\right], \tag{3.40}$$

$$\frac{dT}{dx} = \frac{T}{1-Ma^2}\left[\frac{\dot{Q}^v(\kappa-1)(1-\kappa Ma^2)}{\kappa pv}\right.$$
$$\left. -c_f\frac{(\kappa Ma^2-1)(2\frac{T_w}{T}+Ma^2(\kappa-1))+2(1-Ma^2)}{2R}\right], \tag{3.41}$$

$$\frac{d\rho}{dx} = \frac{\rho}{1-Ma^2}\left[\frac{-\dot{Q}^v(\kappa-1)}{\kappa pv} - c_f\frac{2\frac{T_w}{T}+Ma^2(\kappa+1)-2}{2R}\right]. \tag{3.42}$$

Die Machzahl Ma ist der Quotient aus der Strömungsgeschwindigkeit v und der lokalen Schallgeschwindigkeit $\sqrt{\kappa R_G T}$ mit dem Isentropenexponenten κ. Die Integration des Gleichungssystems nach einem Runge-Kutta-Verfahren liefert den kompletten thermodynamischen Zustand in jedem Ort der Entladungsstrecke.

4 Problemorientierte Simulationsmodelle

Die Implementation der vorgestellten physikalischen Zusammenhänge und theoretischen
Darstellungsweisen in einem Programmsystem erlaubt die Simulation der kompletten laseraktiven Vorgänge bis hin zur Berechnung der ausgekoppelten Laserleistung für einen
konkreten Resonator. Die globale Struktur des Simulationsprogramms ist in Bild 4.1 sche-
matisch dargestellt. Neben dieser vollständigen Betrachtung der Laseraktivität ist die Be-

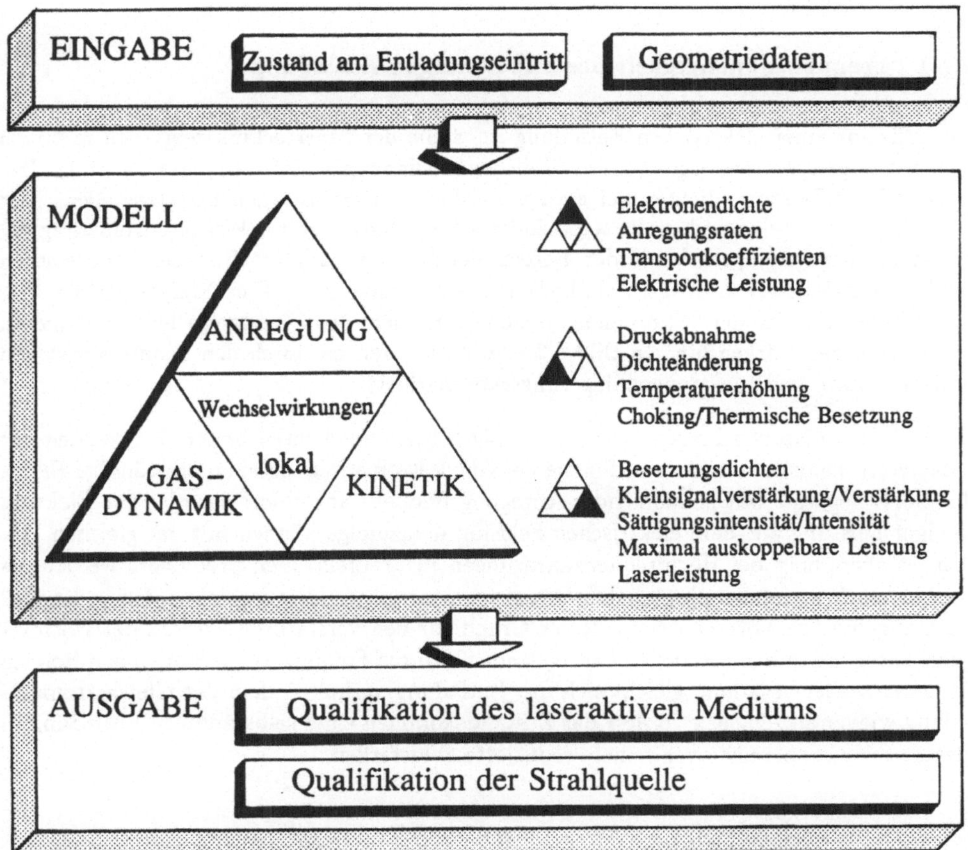

Bild 4.1: **Schematischer Aufbau des theoretischen Modells**

leuchtung von Teilaspekten wie Entladungseigenschaften und Verstärkungsverhalten des
Mediums ebenso möglich wie die Optimierung von gasdynamischen Einflußfaktoren. Je
nach Problemstellung können Modellmodifikationen ausgewählt werden, die in ihrem Ab-

lauf an die aktuellen Anforderungen spezieller Entwicklungsvorhaben angepaßt sind.

Die folgenden Unterkapitel geben einen kurzen Einblick in die umfassenden Simulations-möglichkeiten des Modells und zeigen grundlegende Zusammenhänge bei der Erzeugung von Laserstrahlung anhand konkreter Rechenbeispiele auf.

4.1 Beurteilung der Entladungsbedingungen und der Anregungs-effizienz

4.1.1 Frequenzabhängigkeit der selbständigen Entladung

Die Effizienz einer elektrischen Entladung im Sinne der Lasertechnik zeigt sich in einem hohen Anregungswirkungsgrad für die Teilchenschwingungen $CO_2(001)$ und $N_2(v=1)$. Da-zu sind hohe Leistungsdichten bei geringen reduzierten Feldstärken bereitzustellen. Der Übergang von unselbständiger zu selbständiger Entladung wird bei Wechselstromanregung mit Anregungsfrequenzen bis in den Bereich der Energierelaxationsfrequenz bei kleineren reduzierten Feldstärken erreicht als bei Gleichstromentladung. Eine Steigerung der Fre-quenz in den Bereich der Mikrowellenanregung verschiebt den Übergang wieder zu höheren reduzierten Feldstärken hin. In Bild 4.2 sind diese Grenzen durch den Schnittpunkt von Ionisationsrate und Elektronenanlagerungsrate markiert.

Bei Hochfrequenzentladungen lassen sich hohe Elektronendichten bereits bei Werten der reduzierten Feldstärke erzeugen, für die bei Gleichstromanregung eine selbständige Entla-dung erst beginnt. Mit zunehmender Anregungsfrequenz absorbiert das einzelne Elektron weniger Leistung aus dem elektrischen Feld [5], demzufolge können mit der gleichen Lei-stungseinkopplung bei Hochfrequenzanregungen mehr Elektronen produziert werden als bei kleinen Frequenzen oder gar bei Gleichstromanregung. Dies ist neben den in Kapitel 2.2.1 angeführten Vorteilen ein weiterer Grund für den verstärkten Einsatz der Hochfre-quenzanregung in kommerziellen Lasersystemen. Durch Frequenzsteigerung in den Bereich der Mikrowellenentladung gleicht sich das Entladungsverhalten dem der Gleichstroment-ladung wieder an. Daher erfordert das Zustandekommen einer selbständigen Entladung in diesem Frequenzbereich auch höhere reduzierte Feldstärken.

4.1.2 Anregungs- und Transportkoeffizienten

Die Vibrationsanregungsraten zeigen in Bild 4.3 am Beispiel einer Hochfrequenzentla-dung einen nahezu konstanten Verlauf über der reduzierten mittleren Feldstärke. Nur im Anfangsbereich der selbständigen Entladung, bei kleinstmöglicher reduzierter Feldstärke, übersteigt der Koeffizient für die unsymmetrische Längsschwingung des Kohlendioxids den

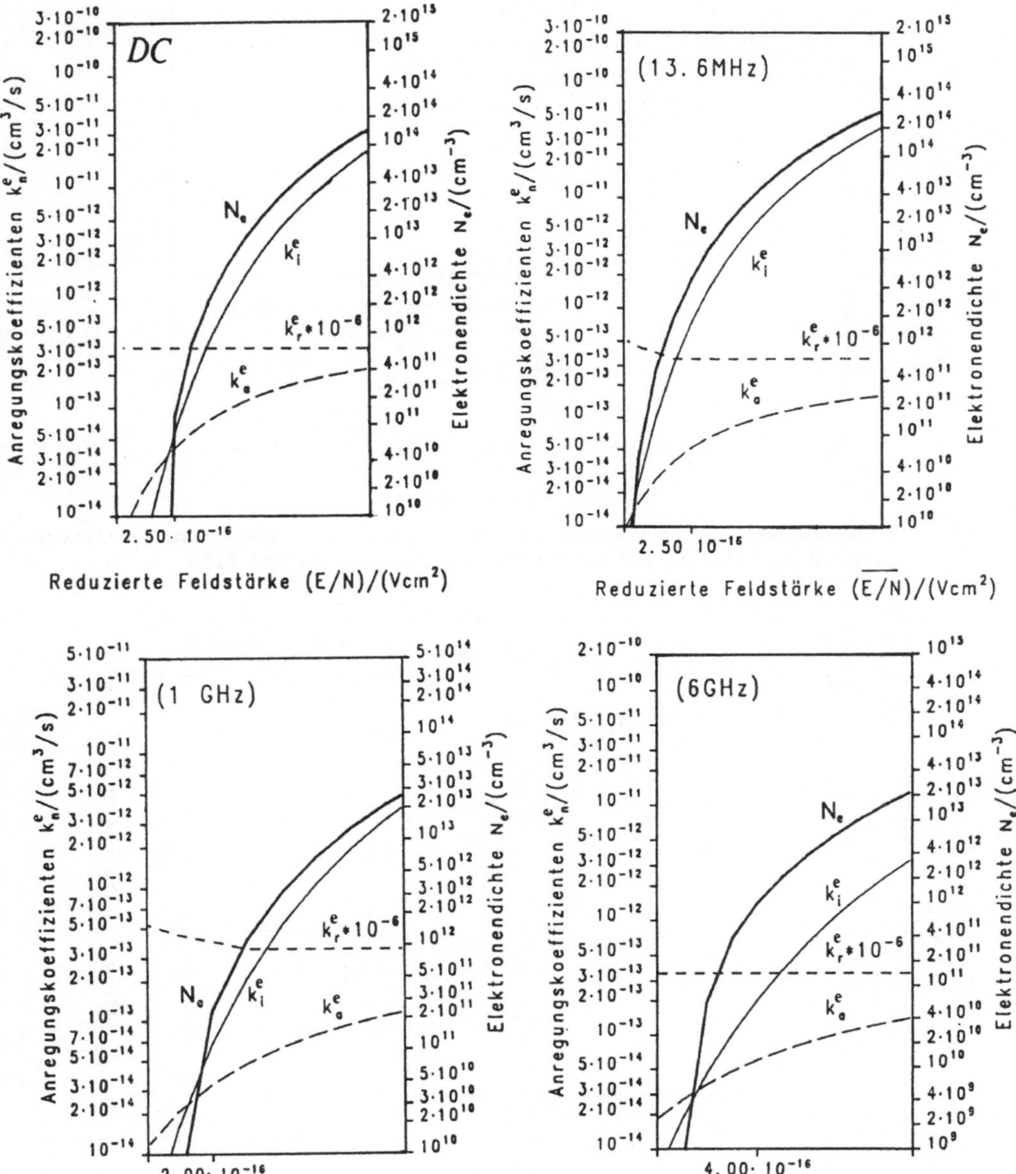

Bild 4.2: **Reduzierte Feldstärken für das Zustandekommen selbständiger Entladungen bei verschiedenen Anregungsfrequenzen, verdeutlicht durch den Abszissenwert des Schnittpunktes von Ionisationskoeffizient und Anlagerungskoeffizient des Kohlendioxids bei einem Gemisch CO_2:N_2:He = 80:15:5 und einem konstanten thermodynamischen Zustand mit p = 100 mbar und T = 300 K in ruhendem Gas. Ein Vergleich der Profile ist nicht möglich, da die Abszissen nicht identisch skaliert sind.**

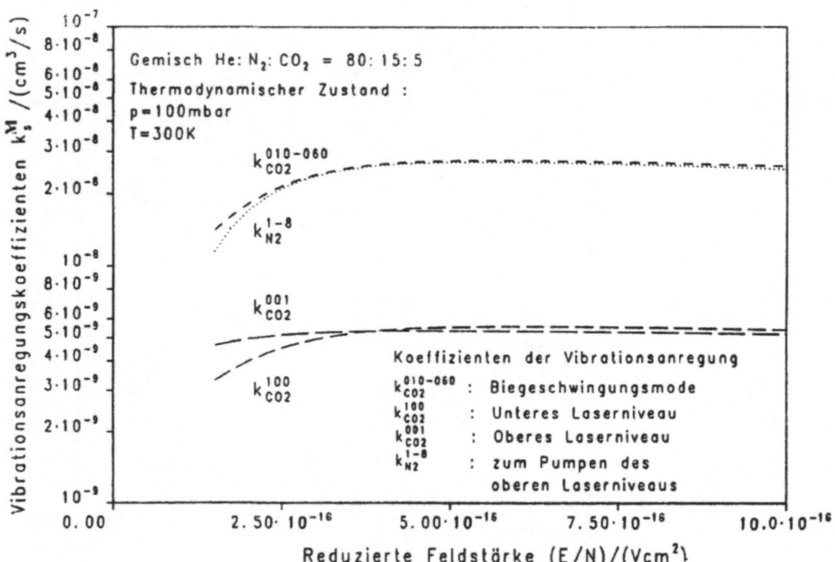

Bild 4.3: **Vibrationsanregungskoeffizienten des Lasergasgemischs in einer hochfrequenzangeregten Glimmentladung mit einer Anregungsfrequenz von 13.6 MHz**

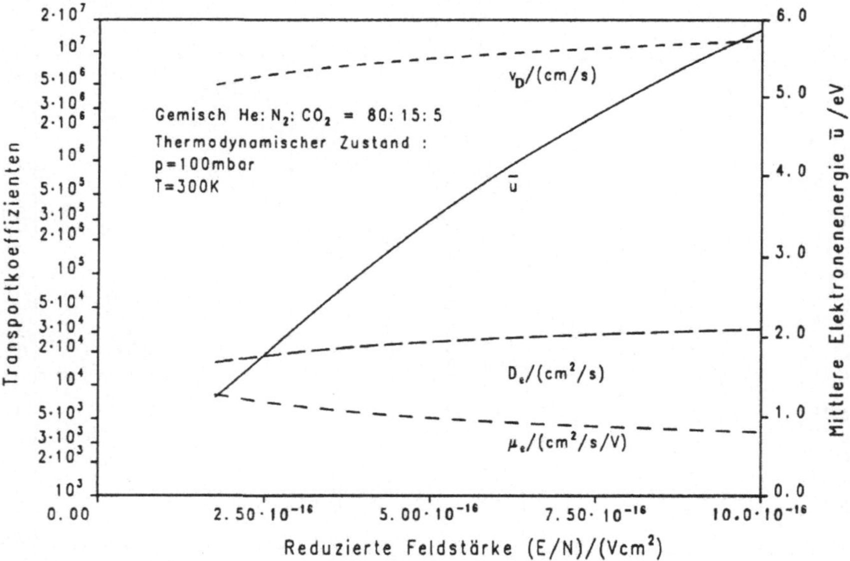

Bild 4.4: **Transportkoeffizienten der Glimmentladung bei Hochfrequenzanregung mit $\nu = 13.6$ MHz**

der symmetrischen Längsschwingung. In dem Bereich stärkerer elektrischer Felder sind die Anregungskoeffizienten von der reduzierten Feldstärke nahezu unabhängig. Die Elektronendichten verteilen sich dort auf höhere Energieinhalte, bei denen die Wirkungsquerschnitte für die Vibrationsanregung klein werden, während die Wahrscheinlichkeit der Ionisationsprozesse steigt, Bild 3.6. Dennoch wird die Effizienz der Vibrationsanregung durch Elektronenstoß bei großen reduzierten Feldstärken durch die erhöhte Anzahl der freien Elektronen im Entladungsvolumen aufrecht erhalten.

Bild 4.4 zeigt die Transportkoeffizienten, die in Anlehnung an die vorhergehenden Diagramme ebenfalls über der reduzierten Feldstärke aufgetragen sind. Da ein konstanter thermodynamischer Zustand und damit eine konstante Teilchendichte vorausgesetzt ist, entspricht die gezeigte Variation derjenigen in Abhängigkeit von der elektrischen Feldstärke. Außer der mit wachsender reduzierter Feldstärke stark zunehmenden mittleren Elektronenenergie bleiben die Transportkoeffizienten von der Feldstärkenvariation nahezu unberührt.

4.1.3 Relaxationsverhalten der Elektronen in Reaktion auf zeitlich veränderliche Feldstärken

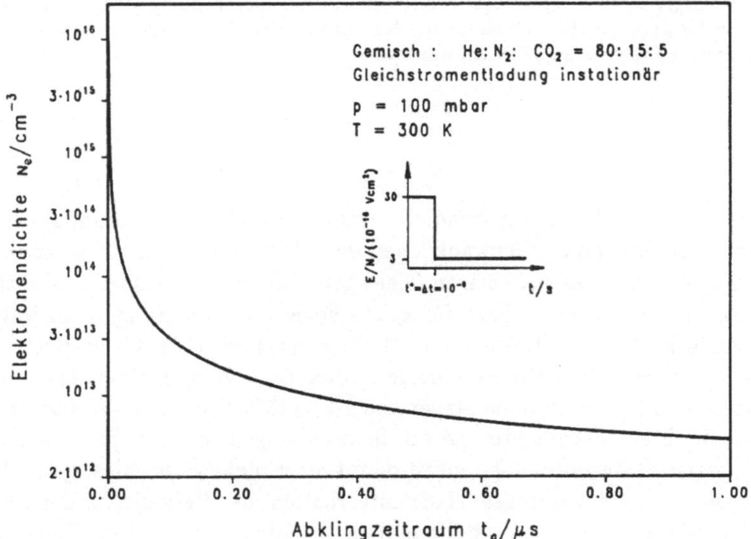

Bild 4.5: **Abklingverhalten der Elektronen in einer Gleichstromglimmentladung bei plötzlicher Feldreduktion, Anfangswert der Elektronendichte N_e = 1.7 10^{16} cm^{-3}, stationärer Endwert N_e = 2.2 10^{12} cm^{-3}**

Neben den aufgeführten Vorteilen der Wechselstromanregung ist die entsprechend der Wechselstromperiode zeitlich veränderliche Elektronendichte als Nachteil dieser Anregungsart anzusehen. Da erst für Frequenzen oberhalb der Energierelaxationsfrequenz ein zeit-

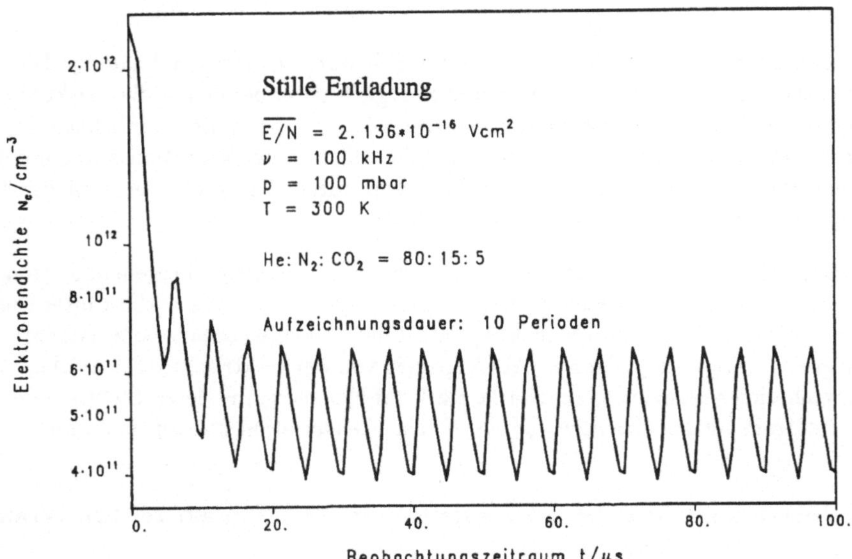

Bild 4.6: **Zeitabhängiges Verhalten der Elektronendichte bei niedriger Anregungsfrequenz. Ab t = 20 μs wird die Schwankung der Elektronendichte aufgezeichnet, davor sind numerische Einschwingeffekte überlagert.**

unabhängiges Verhalten der Elektronendichte vorausgesetzt werden kann, sind vor allem bei sehr kleinen Frequenzen die Schwankungen der Elektronendichte zu untersuchen. Die Zeit t_s bis zum Erreichen des stationären Gleichgewichts aus Elektronenproduktions- und Elektronenvernichtungsprozessen liegt für große Feldstärkenänderungen im Mikrosekundenbereich, wie in Bild 4.5 am Beispiel des Abklingverhaltens einer Gleichstromentladung in ruhendem Gas zu sehen ist. Die Periode der stillen Entladung in einem ebenfalls ruhenden Gas, Bild 4.6, mit einer Periodendauer von 10 μs läßt sich noch vollständig auflösen. Die Amplitude der Elektronendichte liegt mit Schwankungen von $\pm$ 25 % um den zeitlichen Mittelwert in dessen Größenordnung und ist damit nicht mehr vernachlässigbar. Bei dieser kleinen Frequenz ist nur ein geringes 'Nachlaufverhalten' der Periodizität der Elektronendichte gegenüber der Feldperiode feststellbar. Das bedeutet, daß in diesem Frequenzbereich der Einfluß der Relaxationsprozesse auf das Zeitverhalten zwar nicht vollständig ausgeklammert werden darf, daß er aber in der Rechnung vernachlässigt werden kann. Mit steigender Anregungsfrequenz werden die Amplituden kleiner und die Relaxationsprozesse gewinnen an Einfluß, bis für Werte oberhalb der Energierelaxationsfrequenz eine konstante Teilchendichte über der Zeit erreicht wird. Jedoch ist für diesen Frequenzbereich der Vorteil, bei kleineren Feldstärken größere Leistungsdichten zu erzielen, bereits wieder verloren, Bild 4.2.

4.1.4   Einfluß superelastischer Stöße auf die Entladungseigenschaften und die Kleinsignalverstärkungskoeffizienten

Die vollständige Beschreibung der Elektronendichteverteilungsfunktion schließt die Berücksichtigung superelastischer Stöße ein, Gleichung 3.8 und 3.10. In superelastischen Stößen werden Elektronen durch angeregte Moleküle beschleunigt. Dabei wird der Betrag des Elektronendichtemaximums zugunsten einer Steigerung der Elektronendichte im Bereich höherer Energieinhalte gesenkt, Bild 4.7. Gegenüber den Rechnungen ohne Berücksichtigung superelastischer Stöße sind die Anregungsraten leicht erhöht. Mit den zusätzlichen

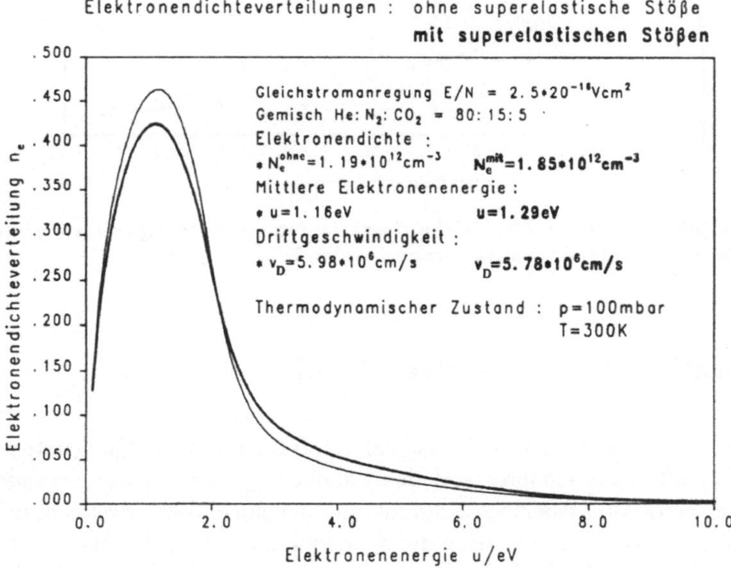

Bild 4.7: **Einfluß superelastischer Stöße auf die Elektronendichteverteilungsfunktion**

hochenergetischen Elektronen steigt die Ionisationsrate und damit die Dichte der freien Elektronen im System.

Bild 4.8 zeigt exemplarisch den Einfluß der Elektronenabregung auf die ortsaufgelösten Kleinsignalverstärkungskoeffizienten unter Berücksichtigung und unter Vernachlässigung von superelastischen Stößen und das Verhalten der Koeffizienten unter Ausblendung der Elektronenabregung. Wegen der geringen Auswirkung der Anregungssteigerung durch superelastische Stöße auf das Verstärkungsverhalten und des gleichzeitig hohen Kostenaufwands für ihre Berechnung, werden in den weiteren Untersuchungen zwar die Abregungsprozesse durch Elektronenstoß in die Molekülkinetik aufgenommen, jedoch ohne die Berücksichtigung von superelastischen Stößen in der Entladungsphysik.

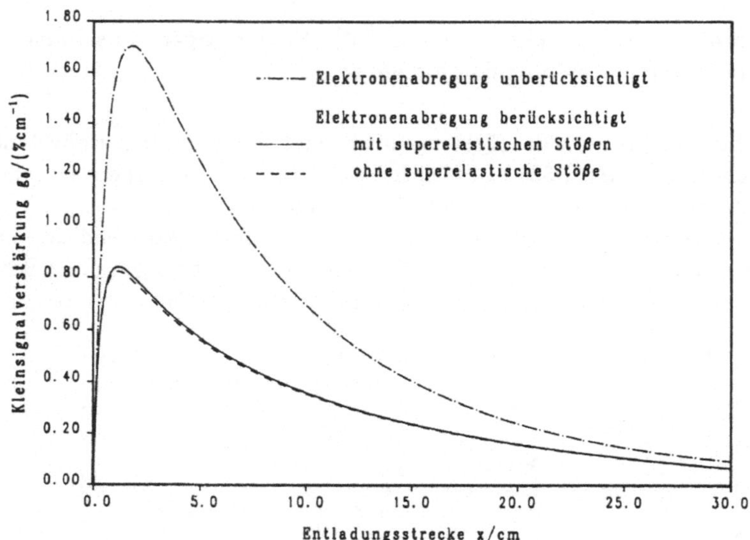

Bild 4.8: Einfluß superelastischer Stöße auf die Koeffizienten der Kleinsignalverstärkung. Die Zustände entsprechen denen im vorangehenden Bild.

4.2　Qualifikation des laseraktiven Mediums

Bild 4.9 zeigt das Zusammenspiel von Kleinsignalverstärkung und Sättigungsintensität an einem konkreten Fallbeispiel entsprechend der Randbedingungen in der Legende. Der lokale Kleinsignalverstärkungskoeffizient nimmt mit zunehmendem Inversionsaufbau in Strömungsrichtung zu. Wird die Inversion durch thermische oder elektronische Sättigung wieder reduziert, sinkt auch der Kleinsignalverstärkungskoeffizient. Mit beginnender Sättigungsphase erreicht die Sättigungsintensität ein Plateau mit einem deutlich geringeren Gradienten als zu Anfang der Entladungsstrecke. Die maximal mögliche Laserleistungsdichte P_{max}^{vol} entspricht dem Produkt von Kleinsignalverstärkungskoeffizient und Sättigungsintensität. Durch die Überlagerung der Sättigungseffekte bei Kleinsignalverstärkung und Sättigungsintensität erreicht die volumenbezogene Maximalleistung als erste ihren Extrempunkt, um dann analog zum Koeffizienten der Kleinsignalverstärkung wieder abzunehmen.

Nach Erreichen des maximalen Kleinsignalverstärkungskoeffizienten arbeitet die Entladungsstrecke nicht mehr effizient. Zur Leistungssteigerung müssen die Strömungsgrößen, wie z.B. Anfangsdruck und Entladungseintrittsgeschwindigkeit, oder die Einkoppelbedingungen über eine Feldanpassung in Strömungsrichtung bzw. über eine geänderte Anregungsfrequenz optimiert werden. Die Gemischzusammensetzung bietet einen weiteren Einflußfaktor. Entsprechend der Volumenzunahme kann mit wachsender Entladungsstrecke

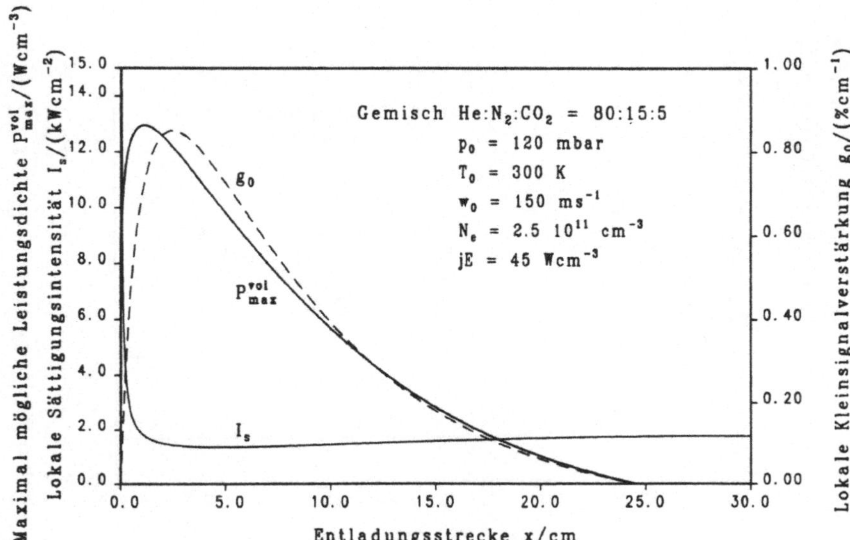

Bild 4.9: **Lokale Verstärkungseigenschaften des laseraktiven Mediums im längsgeströmten CO_2-Laser**

zwar noch eine Zunahme der maximal auskoppelbaren Laserleistung P_{max} erreicht werden, dennoch arbeiten die kinetischen Prozesse im hinteren Entladungsbereich ineffizient.

Die Auftragung 4.10 zeigt die bis zu jedem Koordinatenpunkt x erreichten Mittelwerte für die drei charakteristischen Größen des laseraktiven Mediums. Werden zu dessen Beurteilung die lokalen Mittelwerte von Kleinsignalverstärkungskoeffizient, Sättigungsintensität und maximal auskoppelbarer Laserleistung herangezogen, lassen sich eine Vielzahl von Entladungsstrecken unterschiedlichster Baulänge auf ihre Effizienz prüfen und direkt vergleichen. Sind in experimentellen Untersuchungen ortsaufgelöste Messungen nur schwer oder gar nicht durchführbar, bietet die integrale Betrachtung die einzige Möglichkeit eines Vergleichs zwischen rechnerischen und experimentellen Ergebnissen. Da lokale Effekte durch die Mittelwertbildung nicht mehr so deutlich hervortreten, bedarf es neben dieser integralen Betrachtung stets der Untersuchung der ortsaufgelösten Größen für eine umfassende Beurteilung des laseraktiven Mediums.

Um hohe Auskoppelleistungen zu gewährleisten, muß das Medium zunächst in der Lage sein, hohe Laserleistungen zuzulassen. Unter diesem Aspekt kann bereits durch die Optimierung der Verstärkungseigenschaften des laseraktiven Mediums eine Vorauswahl günstiger Parameter für die Laserstrahlerzeugung getroffen werden. Die Anforderungen an den elektrischen und den gasdynamischen Zustand am Entladungseintritt sowie an die

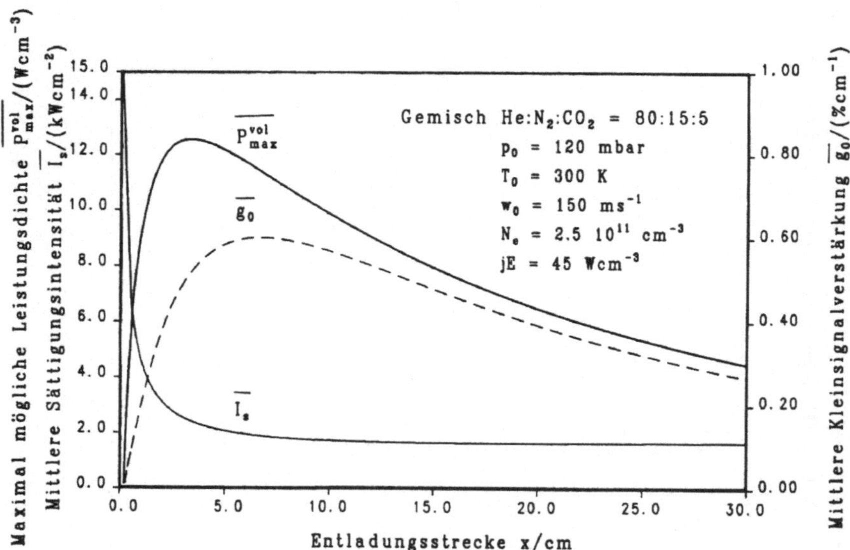

Bild 4.10: **Mittelwerte der Verstärkungseigenschaften des laseraktiven Mediums im längsge-strömten CO_2-Laser**

Gaszusammensetzung lassen sich in den anschließenden Resonatorberechnungen auf die konkreten Systeme spezialisieren.

4.3 Einfluß des Strahlungsfeldes

Bei der bisherigen Untersuchung stand die Beurteilung des laseraktiven Mediums im Vordergrund. Diese Betrachtung der laseraktiven Prozesse ist jedoch noch unvollständig, weil die Rückkopplung des Strahlungsfeldes zwischen den Spiegeln nicht berücksichtigt ist. Erst die Berechnung der Vorgänge im Oszillatorbetrieb ermöglicht, neben den bekannten Näherungsverfahren nach [27] und [37], eine zuverlässige Aussage über die tatsächlich ausgekoppelte Laserleistung.

Für den Fall einer transversalen Gleichstromanregung unter der Bedingung konstanter reduzierter Feldstärke sind die Vorgänge bei Oszillatorbetrieb in den folgenden Ausführungen exemplarisch diskutiert [3]. Die Vorgaben für die Rechnung sind in Tabelle 4.1 zusammen-

---

[3]Werden die Eigenschaften des laseraktiven Mediums den Größen bei Anwesenheit eines resonanten Strahlungsfeldes gegenübergestellt, so sind sie in den Diagrammen durch die Begriffe 'Verstärkung' für die Verstärkungseigenschaften des laseraktiven Mediums und 'Oszillation' für die komplette Resonatorberechnung unterschieden.

Entladungsbedingungen		
Anregungsart	DC	
Reduzierte Feldstärke	konstant	
Mittlere elektrische Leistung	29	Wcm^{-3}
Gasdynamischer Zustand am Entladungseintritt		
Eintrittsgeschwindigkeit	200	ms^{-1}
Eintrittsdruck	100	mbar
Eintrittstemperatur	300	K
Resonatordaten		
Entladungslänge	27	cm
Reflexionsgrad 1	100	%
Reflexionsgrad 2	65	%
Spiegelverluste	3	%
Verluste im Medium	0	%

Tabelle 4.1: **Vorgaben für die Laserleistungsbetrachtungen bei Anwesenheit eines Strahlungsfeldes**

gefaßt.

Bild 4.11 zeigt den Abbau der Besetzungsdichten von oberem Laserniveau und Stickstoffschwingung als Folge des Strahlungsfeldes. Gleichzeitig steigen die Bevölkerungsdichten von unterem Laserniveau und Biegeschwingungsmode. Daher ist die Verstärkung bei Oszillation, Bild 4.12, gegenüber der Kleinsignalverstärkung reduziert. Das Absinken des Verstärkungskoeffizienten auf nahezu die Hälfte des Kleinsignalwerts deutet, entsprechend der Ausführungen zur Sättigungsintensität in Kapitel 3.2.2, darauf hin, daß die Strahlungsintensität in etwa der Sättigungsintensität des Mediums entspricht.

Einen ebenfalls unterschiedlichen Verlauf bei Verstärkung und Oszillation weist die Relaxationsheizung auf, Bild 4.13. Liegt kein Strahlungsfeld vor, nimmt sie mit der Besetzungsdichte der Vibrationsniveaus und der damit verbundenen Steigerung der Stoßzahlen für Vibrations-Vibrations- und Vibrations-Translations-Übergänge zu, bis sie entsprechend

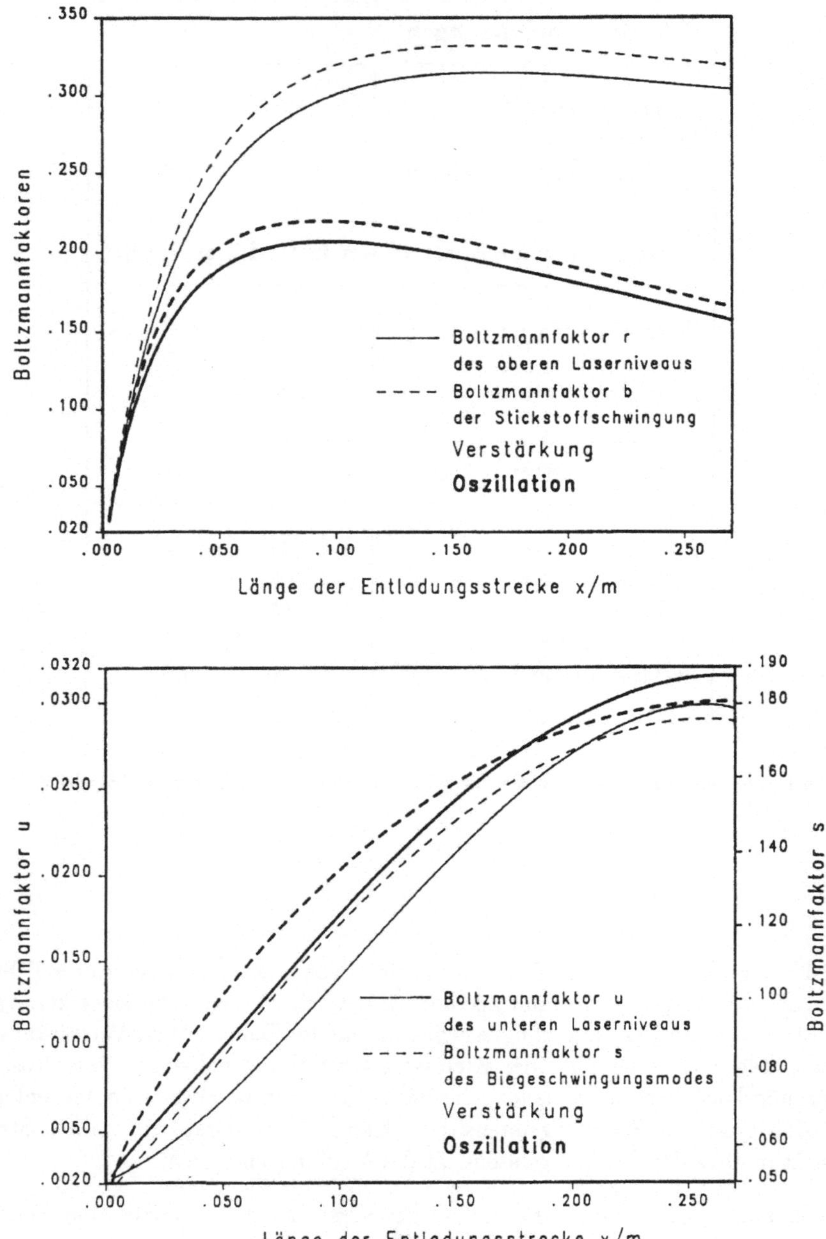

Bild 4.11: **Einfluß des Strahlungsfeldes auf die Besetzungsdichten der Schwingungsniveaus**

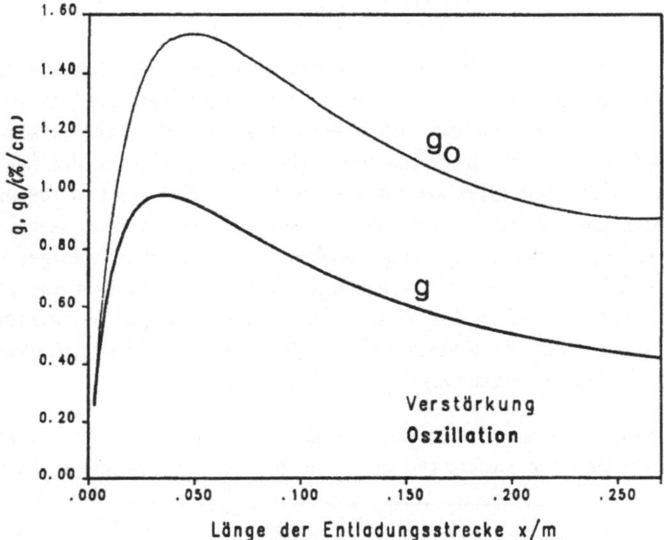

Bild 4.12: **Einfluß des Strahlungsfeldes auf das Verstärkungsverhalten**

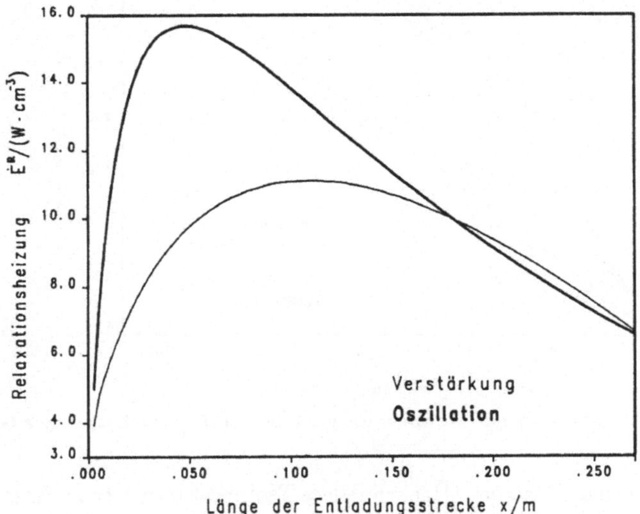

Bild 4.13: **Einfluß des Strahlungsfeldes auf die Relaxationsheizung**

der Vibrationstemperaturen in Sättigung geht [69]. Bei Oszillatorbetrieb ist der Anstieg der Relaxationsheizung durch die höhere Besetzung des unteren Laserniveaus und die dadurch erhöhte Zahl der Vibrations-Translations-Stöße sehr viel schneller, um dann mit der verstärkten Entleerung des oberen Laserniveaus drastisch zu sinken. Die Ursache hierfür ist in der Reduktion der Vibrations-Vibrations-Stöße zu sehen, deren Verluste wesentlich zu der Aufheizung des Gases beitragen. Am Entladungsende sinkt der Wert der Relaxationsheizung im Oszillatorbetrieb unter den durch die Verstärkungseigenschaften des Mediums erzielten Betrag ab. Zwar ist die Relaxationszeit des unter dem Einfluß eines Strahlungsfeldes höher besetzten unteren Laserniveaus wesentlich kürzer als die des oberen Laserniveaus, doch laufen, aufgrund der Emissionsentvölkerung des oberen Laserniveaus, weniger Vibrations-Vibrationsstöße ab. Die Reduktion der anhängigen Verluste wirkt sich hier stärker auf das Medium aus als die zusätzlichen Translationsübergänge. Integral betrachtet sind die Relaxationswärmen aus beiden Rechnungen nahezu gleich. Diese Abhängigkeiten werden durch das Verhalten der gasdynamischen Größen bestätigt.

Der Einfluß des resonanten Strahlungsfeldes auf die gasdynamischen Größen, Bild 4.14 und 4.15, ist im Verhältnis zu ihrer Änderung in der Entladungsstrecke für dieses Beispiel

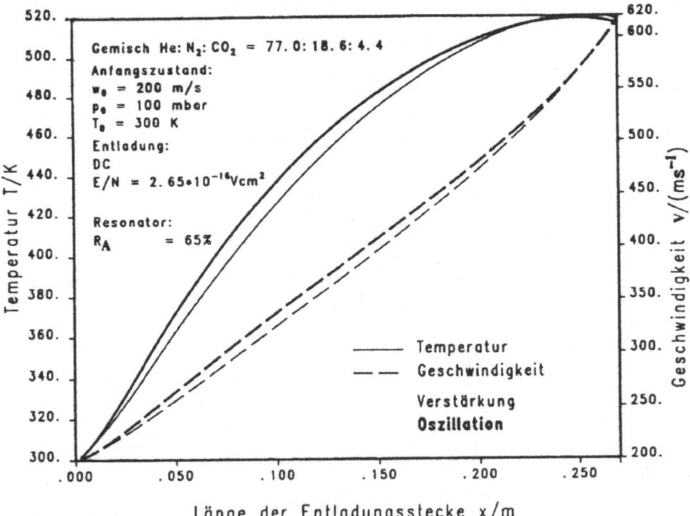

Bild 4.14: **Einfluß des Strahlungsfeldes auf die thermodynamischen Eigenschaften des laseraktiven Mediums**

sowohl lokal wie integral vernachlässigbar. Der schnellere Temperaturanstieg zu Anfang der Entladungsstrecke in Folge der verstärkten Relaxationsheizung durch Vibrations-Translationsübergänge aus dem unteren Laserniveau und der Biegeschwingung hebt sich zum Resonatorende wegen der Reduktion der Verluste aus den Vibrations-Vibrationsstößen des oberen Laserniveaus wieder auf. Gleiches gilt für die Geschwindigkeit und umgekehrt proportional auch für die Druckentwicklung in der Kavität.

Die Laserleistungsdaten ergeben sich aus den geometrischen und optischen Resonatordaten und der ortsabhängigen Kavitätsintensität, Bild 3.13. Für das vorliegende Resonatorsy-

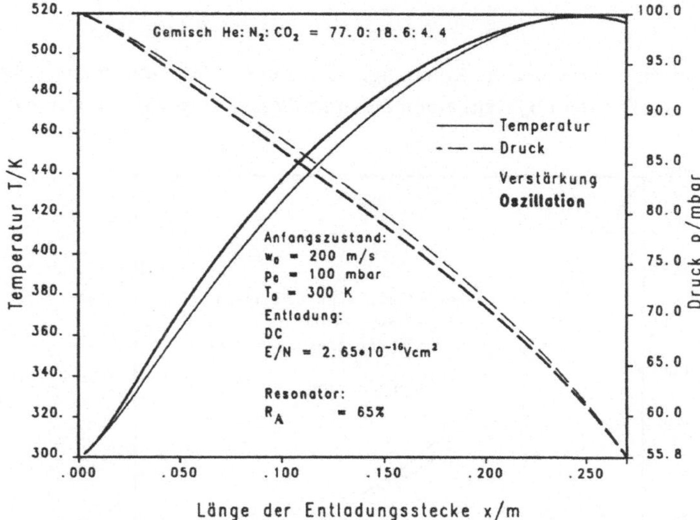

Bild 4.15: Einfluß des Strahlungsfeldes auf die Temperatur- und Geschwindigkeitszunahme in der Entladungszone

stem ist eine ausgekoppelte Laserleistung von 194 Watt berechnet worden. Die Näherungsverfahren [27], [37] und [38], die sich zur Berechnung der Kavitätsintensität auf die mittlere Sättigungsintensität stützen, liefern für den gleichen Resonator Auskoppelwerte von 117 bis 135 Watt.

Der Resonatorwirkungsgrad, d.h. das Verhältnis von tatsächlich ausgekoppelter Laserleistung zu maximal möglicher Laserleistung, beträgt 22 %. Übliche Wirkungsgrade bis 80 % [27] weisen darauf hin, daß das System ungünstig ausgelegt ist. Für die sehr kleine optische Länge des Resonators, die in dem Beispiel gerade der Entladungslänge entspricht, ist der Auskoppelgrad mit 32 % zu groß gewählt. Durch den niedrigen Reflexionsgrad von 65 % kann in der Kavität nur eine sehr kleine Intensität aufgebaut und damit auch ausgekoppelt werden. Eine Optimierung der optischen Resonatoreigenschaften [27] liefert bei gleicher Geometrie höhere Wirkungsgrade für die Auskopplung.

4.4 Notwendigkeit der ortsabhängigen Berechnungsweise

Im längsgeströmten CO_2-Laser beeinflussen sich elektrisches Feld und Gaszustand gegenseitig. Bild 4.16 zeigt bei konstanter reduzierter Feldstärke die Änderung der elektrischen Größen über die Entladungsstrecke. Mit abnehmender Teilchendichte nimmt die elektrische Feldstärke für eine gleichbleibende reduzierte Feldstärke ab. Entsprechend geht die Elektronendichte zurück. Die eingekoppelte elektrische Leistung und die Heizleistung folgen diesem Verhalten. Diese lokalen Abhängigkeiten zeigen, daß eine zwanghafte Konstanz aller elektrischer Größen dem System einen äußeren Zwang aufprägt, da zuviele Parameter

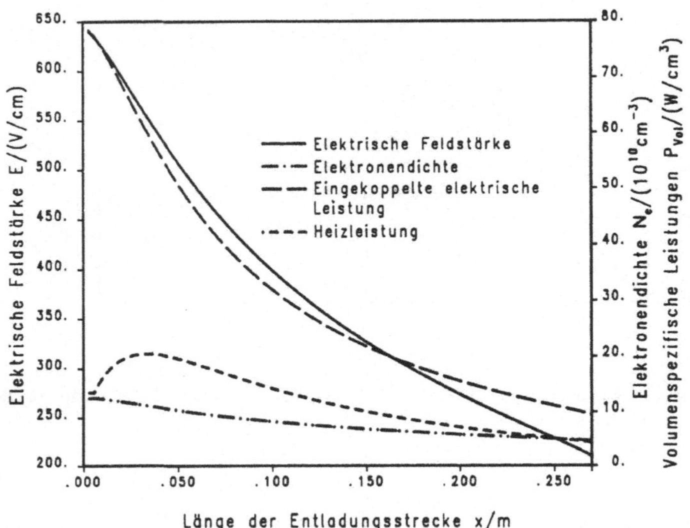

Bild 4.16: **Ortsabhängige Entladungseigenschaften in einem längsgeströmten CO_2-Laser**

konstant vorgegeben werden, von denen die Konstanz des einen die Variation der anderen bedingt. Daraus folgt die Notwendigkeit, die elektrophysikalischen Vorgänge an jedem Ort der Entladung mit der Gasdynamik und der Kinetik zu koppeln. Die das Feld modulierenden Parameter wie Auswahl und Dicke des Dielektrikums bei Hochfrequenzanregung oder der lokale Vorwiderstand bei Gleichstromentladung sind damit ebenfalls ortsabhängig und intervenierend in die Simulation einzufügen.

Die Auswirkung dieser Aspekte auf die Verstärkungseigenschaften des laseraktiven Mediums ist in einer Vergleichsrechnung dargelegt, für die bei gleichen reduzierten Feldstärken und gasdynamischen Ausgangsbedingungen die Eigenschaften des elektrischen Feldes auf verschiedene Weisen berücksichtigt werden. Die Ergebnisse der beiden Simulationen sind am Beispiel der Kleinsignalverstärkungskoeffizienten exemplarisch dargelegt, Bild 4.17.

Für die erste Rechnung werden alle Energietransferprozesse im Medium ortsaufgelöst behandelt, wie in den vorausgegangenen Kapiteln beschrieben. Der resultierende Verlauf des Kleinsignalverstärkungskoeffizienten ist in Bild 4.17 als durchgezogene Linie dargestellt. Aus dieser ersten Rechnung werden die mittleren Werte für die elektrische Energiedichte, die Elektronendichte und die Anregungskoeffizienten entnommen und in einer zweiten Berechnung als konstante Größen für die gesamte Entladungsstrecke an Gasdynamik und Kinetik übergeben. Der Einfluß konstanter elektrischer Feldgrößen auf den Koeffizienten der Kleinsignalverstärkung ist in der strichpunktierten Kurve zu sehen. Bereits für kurze

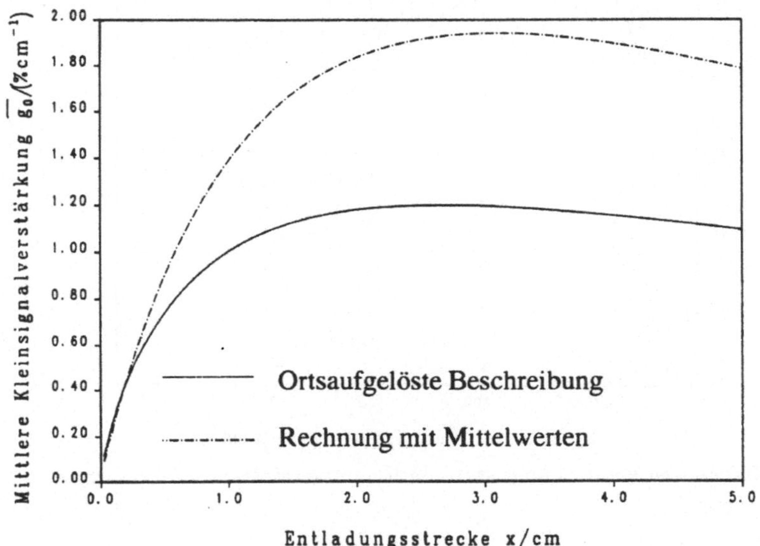

Bild 4.17: **Vergleichsrechnungen der Kleinsignalverstärkungskoeffizienten für verschiedene Rechenverfahren**

Entladungsstrecken bis 5 Zentimeter lassen sich starke Abweichungen in den Verstärkungswerten nach den verschiedenen Rechenverfahren erkennen. Wie der Vergleich der beiden
Kurven zeigt, ist die Ortsabhängigkeit der Elektronendichte keinesfalls vernachlässigbar.
Ausgehend von den Mittelwerten für das elektrische Feld liefert die Rechnung eine unge-
rechtfertigt hohe Zahl von freien Elektronen am Resonatoreintritt, die in keinem Verhältnis
zum aktuellen thermodynamischen Zustand des laseraktiven Mediums steht, gefolgt von
einem überhöhten Wert für den Kleinsignalverstärkungskoeffizienten. Mit dieser Vorgehensweise werden die Verhältnisse in einer unselbständigen Entladung simuliert, die gerade
dadurch charakterisiert ist, daß freie Elektronen unabhängig von den lokalen Bedingungen
der Entladung und des Gaszustands produziert werden. Zur realitätsnahen Beschreibung
der Vorgänge in der selbständigen Entladung ist daher die Ortsabhängigkeit des elektrischen Feldes für die Simulation der Strahlerzeugungsprozesse unbedingt zu berücksichtigen.

Da die voll konsistente Berechnung der Lasereigenschaften, das heißt die komplette Verknüpfung von Anregung, Gasdynamik und Kinetik an jedem Ort der Entladungsstrecke für den
Oszillatorbetrieb sehr kostenintensiv ist, bleibt abzuwägen, ob eine Berechnungsweise mit
räumlich konstanten Entladungseigenschaften nicht ausreichend genaue Ergebnisse liefert.
Dazu wird das Resonatorsystem aus Kapitel 4.3 auf der Basis gemittelter Entladungsdaten gegengerechnet. Ein Vergleich der Verstärkungskoeffizienten und der Intensitätsdaten
nach beiden Verfahren liefert gravierende Unterschiede. Zwar sind die Profile von Sätti-

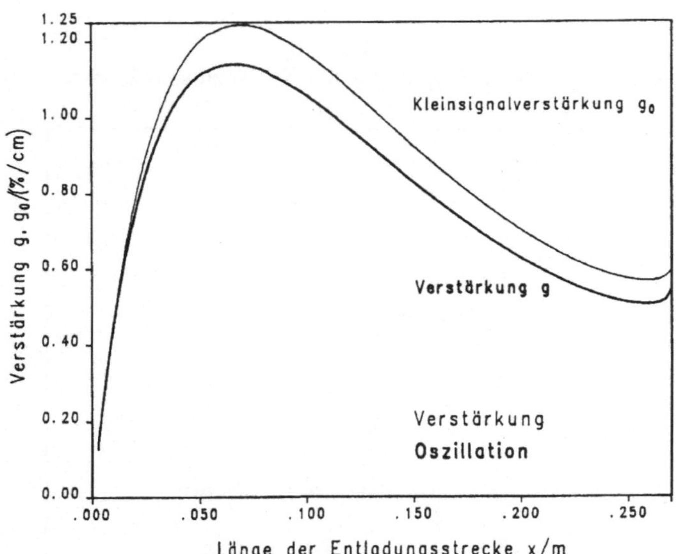

Bild 4.18: **Berechnete Verstärkungswerte nach dem vereinfachten Verfahren**

gungsintensität, Bild 3.13 und 4.19, und Kleinsignalverstärkungskoeffizient, Bild 4.12 und 4.18, für beide Rechenarten ähnlich, doch differieren die Absolutbeträge der Koeffizienten

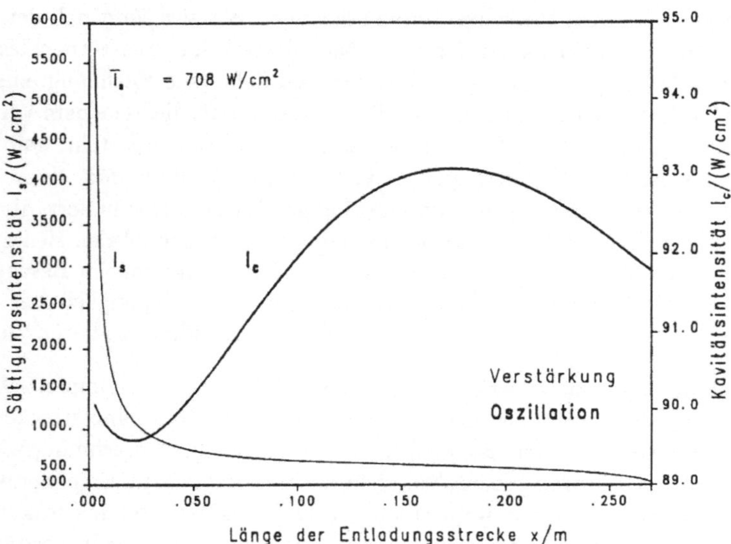

Bild 4.19: **Berechnete Intensitätswerte nach dem vereinfachten Verfahren**

für die Kleinsignalverstärkung bis zu 25 %, diejenigen der Sättigungsintensität um 10 %. Noch stärkere Abweichungen lassen sich bei der Berechnung der Kavitätsintensität, Bild 3.13 und 4.19, feststellen. Die vereinfachte Berechnungsweise liefert eine Laserleistung von 36 Watt und damit nur ein fünftel der mit dem voll konsistenten Verfahren berechneten Leistung. Die empfindliche Verstärkungsbedingung für den Oszillatorbetrieb erfordert eine genaue Berechnung der lokalen Werte, wie sie nur bei vollständig ortsaufgelöster Betrachtungsweise gegeben ist.

Aus den geschilderten Gründen sind zur Beschreibung von CO_2-Strömungslasern, unabhängig von der Länge des laseraktiven Bereichs, Simulationsverfahren mit vollständig ortsaufgelöster Betrachtungsweise dringend zu favorisieren.

4.5 Simulationsmodelle aus der Literatur

Bereits in den frühen siebziger Jahren wurde damit begonnen, die vorgestellten physikalischen Teilaspekte der Laserstrahlerzeugung analytisch und numerisch zu beschreiben. Aus diesen detaillierten Voruntersuchungen entwickelten sich die umfangreichen Simulationsmodelle zur theoretischen Darstellung der Strahlquelle.

Eine grundlegende analytische Methode zur Berechnung der Elektronenenergieverteilung in hochfrequenzangeregten Gasentladungen wurde von Holstein [2] bereits 1946 vorgestellt. Rockwood [65] wählt ein numerisches Verfahren zur Lösung der Boltzmanngleichung für die Gleichstromentladung und erhält als Lösungen die Anregungs- und Transportkoeffizienten des Systems. Nighan et al. haben in zahlreichen Veröffentlichungen die Einsatzmöglichkeiten der theoretischen Methoden zur Beschreibung des elektrischen Feldes nachgewiesen. Neben umfassenden Arbeiten über unselbständige [12], [14] und selbständige [77] Entladungen haben sie den Einfluß der verschiedenen Entladungsparameter wie die Degradation der Gaskomponenten [9], [13] oder die thermodynamischen Zustandsänderungen in Folge von Konvektion und Heizung [12], [78] untersucht. Neben der ausschließlichen Betrachtung der Entladungscharakteristika [64] koppeln sie die theoretischen Modelle zur Beschreibung der Anregung und der Gaskinetik [33] und können damit für den Fall des gleichstromangeregten, diffusionsgekühlten CO_2-Lasers mit ruhendem Gas die Zusammenhänge zwischen Entladungsparametern und Laserleistungsdaten aufzeigen. Ihre Stabilitätsbetrachtungen und detaillierten Untersuchungen über das Entladungsverhalten [10], [11], [14] finden ihre Fortführung bei Wester [5]. Er modelliert die positive Säule unter Berücksichtigung der Randschichten von hochfrequenzangeregten CO_2-Lasern mit selbständiger Entladung. Aus den Lösungen der Boltzmanngleichung erschließen sich zusammen mit den Daten des Anregungskreises die Strom-Spannungscharakteristiken der einzelnen Entladungszonen in Strömungsrichtung und senkrecht dazu.

Die Basis für die Anwendung von Mehrtemperaturmodellen zur Beschreibung der kinetischen Zusammenhänge bei der Laserstrahlerzeugung ist in den Arbeiten von Harrach und Einwohner [56] und von Manes und Seguin [72] in Form eines Vier- bzw. Fünftemperaturmodells gelegt. Die Eigenschaften des laseraktiven Mediums wie Sättigungsintensität und Kleinsignalverstärkung sind bei Demaria [36] und Witteman [30] eingehend theoretisch beschrieben. Diese Quellen zitieren Smith und Thomson [15], [79] als Grundlagen ihrer Modellierung des gleichstromangeregten CO_2-Lasers mit ruhendem Gas [16]. Schülke [80] bezieht seine Experimentparameter zur Untersuchung eines schnellgeströmten CO_2-Lasers aus einem modifizierten Fünftemperaturmodell. Da die zugrundeliegenden thermodynamischen Daten und die elektrische Leistungsdichte als konstante gemittelte Größen in die Rechnung einfließen, bleiben gasdynamische und elektrophysikalische Effekte unberücksichtigt. Er stellt für starke stimulierte Emission merkliche Abweichungen von der Boltzmannverteilung innerhalb der Moden fest.

Der Einfluß von laminarer und turbulenter Strömung auf die Effizienz des Lasers ist bei Müller [32], [81] untersucht. Aus der Analyse der Diffusionsvorgänge im Gas, die in Folge unterschiedlicher Besetzungsdichten bei vom Strahl nicht vollständig ausgefülltem Entladungsvolumen auftreten, kann nachgewiesen werden, daß sich mit wachsender Turbulenz der Strömung höhere Laserleistungen erzielen lassen. Dabei wird der Einfluß der axialen, azimutalen und radialen Gasströmung auf die Laserleistungsdaten betrachtet. Trotz des Verzichts auf eine korrekte Herleitung der Elektronendichte aus der Boltzmanngleichung konnte eine gute Übereinstimmung zwischen Theorie und Experiment erzielt werden. Eine ausgeprägte Berücksichtigung der Konvektionsströmung liegt bei Armandillo und Kaye [6] vor. Die zeitabhängigen Variablen für die Gasdynamik und die Kinetik werden auf räumliche Koordinaten transformiert. Die elektrischen Größen sind Experimenten entnommen. Dissoziationsprodukte werden implizit berücksichtigt. Der Kohlendioxidanteil wird um den Betrag des entstehenden Kohlenmonoxids reduziert. Anstatt das Kohlenmonoxid als weitere Gaskomponente einzuführen wird der Stickstoffanteil um den entsprechenden Betrag erhöht. Die analytischen Werte für die Kleinsignalverstärkung zeigen gleiches Verhalten wie die Experimente, ihre Beträge übersteigen jedoch die Meßergebnisse bis 50 %. Die Autoren führen dies auf den nicht behandelten Einfluß des Dissoziationsprodukts Sauerstoff zurück. Zur Berechnung der Intensität wird von einem lokalen Gleichgewicht zwischen Verstärkung und Verlusten innerhalb der Kavität ausgegangen. Diese Gleichgewichtsbedingung ist aber, wie spätere Arbeiten von Lee [76] und Gerry (bei Lee zitiert, bibliographisch jedoch nicht nachweisbar) zeigen, als integrale Größe über die Resonatorstrecke zu interpretieren. Der aus der differentiellen Betrachtungsweise resultierende Verlauf der Kavitätsintensität mit ausgeprägtem Maximum konnte auch im Experiment nicht bestätigt werden [76].

Offenhäuser versucht in seinen theoretischen Arbeiten [82], [83] über Kohlenmonoxid- und Kohlendioxidlaser die korrekten Relaxationszeiten für die verschiedenen Übergänge zwischen den Schwingungsniveaus aus experimentellen Daten (siehe Kapitel 5.1) zu bestimmen. Mit einem Modell zur Berechnung des Schwingungsenergieaustauschs überprüft er die Strahlungsübergänge des Kohlendioxidmoleküls auf ihre Lasertauglichkeit [84]. Die Elek-

tronendichte wird durch lokal unterschiedliche Maxwellverteilungen der Geschwindigkeits-
spektren senkrecht und parallel zu den Feldlinien beschrieben. Die Boltzmanngleichung
wird nicht gelöst. Ein ähnliches Modell ist in [85] zur Beschreibung des gepulsten La-
serbetriebs angewandt, wobei hier die Rotationsfreiheitsgrade maßgeblich in Erscheinung
treten, auch wenn die Pulsfrequenzen noch unterhalb der Rotationsrelaxationsfrequenz
liegen. Viöl [8] modelliert ebenfalls das Zeitverhalten von Laserpulsen bei eingehender
Betrachtung hoher Repititionsraten.

Von Harendt und Rudolf [86] wurde ein ortsabhängiges Viertemperaturmodell zur Beschrei-
bung von längsgeströmten CO_2-Lasern entwickelt, in dem sich die Elektronendichte aus der
Teilchenbilanz ergibt. Die elektrischen Daten entstammen den theoretischen Studien von
Bisin, der die Eigenschaften des Anregungskreises untersucht [87]. Das Hauptaugenmerk
bei der Laserauslegung gilt der angestrebten Leistungsauskopplung. Entsprechend der
Anforderung an die Laserleistung lassen sich die Eingangsdaten wie thermodynamischer
Anfangszustand, einzukoppelnde elektrische Leistung und Anregungsfrequenz koordinie-
ren. Scott und Myers [88] schlagen eine Berechnungsmethode für nicht- oder langsamge-
strömte, diffusionsgekühlte Laser vor, bei der die energetischen Ratengleichungen des Fünftemperaturmodells auf zwei Gleichungen mit zwei Unbekannten reduziert werden können.
Experimentelle und theoretische Ergebnisse sind in guter Übereinstimmung. Für den Fall
des gasdynamischen Lasers ist die Kavitätsintensität bei Lee [76] berechnet. Ausgehend
von einem Viertemperaturmodell wird die Kavitätsintensität solange iteriert, bis die An-
schlußbedingung, daß die mittlere Verstärkung den mittleren Verlusten entspricht, erfüllt
ist.

Neben diesen weitgehend speziellen Modellen läßt sich die hier vorgestellte Simulationsmethode als ein komplettes und vielseitiges Verfahren zur Beschreibung der strahlerzeugen-
den Prozesse in einem längsgeströmten CO_2-Laser mit transversaler elektrischer Anregung
bei kontinuierlichen Betrieb verstehen. Sie ermöglicht die ortsaufgelöste Betrachtung der
Wechselwirkungen von elektrischen, gasdynamischen und kinetischen Vorgängen im laseraktiven Medium. Dabei liefert die Lösung der Boltzmanngleichung entsprechend den
Entladungsbedingungen und dem thermodynamischen Gaszustand die Elektronendichteverteilungsfunktion. Zusammen mit den Wirkungsquerschnitten ergeben sich daraus die
Transportkoeffizienten der Entladung und die Koeffizienten zur Stoßanregung des laseraktiven Mediums. Die Elektronendichte folgt aus der Teilchenbilanz. Anregungskoeffizienten und Elektronendichte bestimmen gemeinsam Höhe und Aufteilung der zugeführten
elektrischen Energie. Das Fünftemperaturmodell beschreibt die Umsetzung der Energie
innerhalb der Schwingungsmoden und liefert die Besetzungsdichten zur Beurteilung der
Verstärkungseigenschaften und die Relaxationsverluste zur Bestimmung des makroskopischen Gaszustands. Die Gasdynamik wird in dem Differentalgleichungssystem für die stationäre Unterschallströmung mit Energiezufuhr bei konstantem Strömungsquerschnitt beschrieben. Wandkühlung und Reibung werden zusätzlich berücksichtigt. Die Verknüpfung
von Thermodynamik und Kinetik ist in der Abhängigkeit der Relaxationszeiten von Druck

und Temperatur und dem Einfluß der Gesamtteilchendichte auf die Boltzmannfaktoren festgehalten. Die reduzierte Feldstärke folgt der elektrischen Leitfähigkeit des Mediums, der Stromdichte und dem thermodynamischen Gaszustand. Sie wird abhängig von der Art der Einkopplung unter der Voraussetzung einer im zeitlichen Mittel konstanten Speisespannung berechnet. Der Inversionsabbau in stimulierter und spontaner Emission bestimmt die Entwicklung der Kavitätsintensität entlang der optischen Achse. Der Absolutwert der lokalen Intensität wird iterativ gefunden. Mit der Berücksichtigung dieser starken gegenseitigen Einflußnahme von Strahlung, elektrischem Feld und Gasdynamik in jedem Ort der Entladung bietet das vorgestellte Simulationsmodell eine realitätsnahe Darstellung der Verstärkungseigenschaften des Mediums und der Vorgänge bei Oszillatorbetrieb. Neben der gezielten Behandlung von Detailproblemen bei der Strahlerzeugung, wird eine Qualifikation des Gesamtkonzepts Strahlquelle auf theoretischer Basis erreicht.

5 Zuverlässigkeit des Simulationsverfahrens

5.1 Streuung der Vorgabedaten

Das Simulationsmodell stützt sich bei den Werten der Wirkungsquerschnitte für die Elektronenstoßanregung und der Ratenkoeffizienten für die Stöße zwischen den Molekülen auf experimentell gewonnene Daten. Die in der Literatur aufgeführten Wirkungsquerschnitte für die Stöße zwischen Elektronen und schweren Teilchen [42], streuen innerhalb der typischen Fehlerbreiten von Versuchsergebnissen und sind entsprechend einfach in das Modell zu übernehmen. Hingegen unterscheiden sich die mehrfach referierten Relaxationskoeffizienten um einige Größenordnungen [89], wodurch erhebliche Ungenauigkeiten in den berechneten Laserleistungsdaten hervorgerufen werden [90].

Die Schwierigkeit einer exakten Bestimmung der Relaxationkoeffizienten liegt in dem Meßverfahren begründet. Zur Feststellung der Koeffizienten wird die gesamte Energiedichteänderung eines Niveaus gemessen. Zwar läßt sich dadurch die Gesamtrelaxationszeit eines Schwingungsniveaus festlegen, die aktiven Übergänge sind jedoch nicht einzeln spezifizierbar. Die verschiedenen Autoren bieten unterschiedliche Lösungen für die Interpretation der parallel ablaufenden Energietransferprozesse aus der Gesamtrelaxationszeit. Temperatur- und Druckabhängigkeit der Koeffizienten regulieren sich über die Stoßfrequenz der Teilchen und sind in den verschiedenen Quellen in ebenfalls unterschiedlichen Verfahren angenähert.

Damit begleiten drei Unsicherheitsfaktoren die Auswahl der Relaxationskoeffizienten:

- Die unterschiedlichen Meßverfahren [91] bis [92] führen zu verschiedenen Ergebnissen für die Relaxationszeiten.

- Die Interpretation der Meßwerte ist nicht eindeutig durchführbar, da die Prozesse sehr viel komplizierter sind, als bei der Auswertung zugrundegelegt werden kann.

- Die Temperatur- und Druckabhängigkeit der Relaxationskoeffizienten läßt sich nur näherungsweise bestimmen.

Tabelle 5.1 zeigt die Streubreite der Literaturwerte für die verwendeten Ratenkoeffizienten in dem konkreten thermodynamischen Zustand T = 300 K und p = 100 mbar. Die unterschiedlichen Druck- und Temperaturabhängigkeiten der Koeffizienten sind dabei noch nicht erfaßt. In einem längsgeströmten CO_2-Laser mit deutlicher Änderung der thermodynamischen Größen bedeuten sie eine weitere Unsicherheit bei der Berechnung der Laserleistungsdaten.

Die Auswirkung der differierenden Literaturdaten auf die berechneten Koeffizienten der Kleinsignalverstärkung ist in Bild 5.1 dargestellt. Dabei sind für ein Lasersystem mit

Ratenkoeffizienten	T = 300 K	Literaturquellen
$k_{CO_2(100\to000)}$	$10^2 - 10^5$	[82] [16]
$k_{CO_2(010\to000)}$	$5 \cdot 10^4 - 5 \cdot 10^5$	[16] [82] [56] [93] [94]
$k_{CO_2(001\to000)}$	10^3	[82]
$k_{N_2(1\to0)}$	$5 \cdot 10^{-5} - 10^3$	[82] [94]
$k_{CO_2(100\to020)}$	$10^4 - 10^7$	[16] [82] [95] [96] [92] [97] [98] [99] [91] [100]
$k_{CO_2(001\to030)}$	$10^3 - 10^4$	[56] [82] [94]
$k_{CO_2(001\to100,020)}$	10^3	[16]
$k_{N_2(1,000\to001,0)}$	$10^4 - 10^6$	[16] [101] [82] [94] [93] [56]

Tabelle 5.1: **Ratenkoeffizienten mit Literaturquellen**

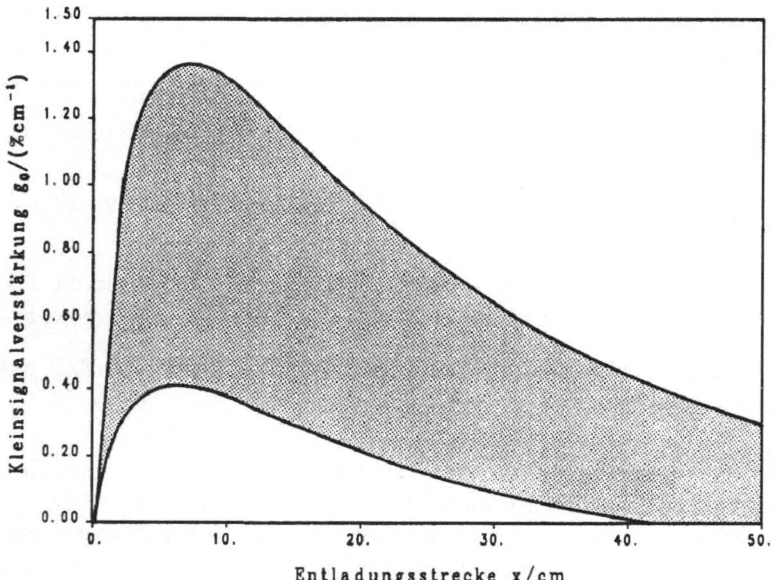

Bild 5.1: **Streubreite der berechneten Kleinsignalverstärkungskoeffizienten in Folge der Relaxationskoeffizienten aus verschiedenen Literaturquellen**

Relaxationskoeffizienten	Quelle
$k_{CO_2(100\rightarrow000)}$	Smith u. Thomson [16]
$k_{CO_2(010\rightarrow000)}$	Kamimoto [93]
$k_{CO_2(001\rightarrow000)}$	Offenhäuser [82]
$k_{N_2(1\rightarrow0)}$	Offenhäuser [82]
$k_{CO_2(100\rightarrow020)}$	Kamimoto [93]
$k_{CO_2(001\rightarrow030)}$	Offenhäuser [82]
$k_{CO_2(001\rightarrow100,020)}$	Smith und Thomson [16]
$k_{N_2(1,000\rightarrow001,0)}$	Offenhäuser [82]

Tabelle 5.2: **Ausgewählte Kombination der Relaxationskoeffizienten**

der günstigsten (d.h. maximales g_0 liefernden) und der ungünstigsten (d.h. minimales g_0 liefernden) Koeffizientenkombination um den Faktor 3 unterschiedliche Kleinsignalverstärkungskoeffizienten berechenbar. Der Verlauf der Grenzkurven über die Entladungsstrecke ist hier zufällig ähnlich. Beliebige Kombinationen von Relaxationskoeffizienten ermöglichen für ein identisches System die Simulation jeder Art von Sättigungsverhalten in der Kavität.

Mit dieser Streuung der Daten wären dem Modell durch äußere Einflüsse erhebliche Unsicherheitsfaktoren aufgeprägt. Durch eingehende Vergleiche mit experimentellen Ergebnissen muß deshalb die Auswahl der wahrscheinlichsten Raten und Übergänge, Tabelle 5.2, erfolgen. Die Verifikationsrechnungen sind im nächsten Kapitel ausgeführt.

5.2 Vergleich mit dem Experiment

Zur Verifikation der Modellierung und zur Bestimmung der 'wahrscheinlichsten' Relaxationskoeffizienten werden experimentell gewonnene Werte für die Kleinsignalverstärkungskoeffizienten und die Sättigungsintensität verschiedener Lasersysteme nachgerechnet.

Der in den Experimenten vorgegebene Betrag der eingekoppelten elektrischen Leistung folgt in der Rechnung aus den Lösungen der Boltzmanngleichung und kann daher nicht frei vorgegeben werden. Diese Tatsache ist nicht an das vorliegende konkrete Modell gebunden, sondern systeminhärent, da es nicht möglich ist, die Boltzmanngleichung rückwärts zu lösen. Um Vergleiche mit Experimenten durchzuführen, muß daher die der geforderten

Einkoppelleistung entsprechende Feldstärke iterativ gefunden werden. Dadurch werden Zeit- und Kostenaufwand für die Simulation erhöht.

5.2.1 Experimenteller Nachweis der Ortsabhängigkeit von Stromstärke und Elektronendichte

Die Änderungen des elektrischen Feldes in Strömungsrichtung lassen sich experimentell durch Messung des Entladungsstroms J feststellen. Die lokale Stromstärke ist mittels einer in Strömungsrichtung segmentierten Elektrode bei unverändertem Dielektrikum aufgenommen. Die drei Elektrodenabschnitte liefern jeweils einen Meßwert für jede eingekoppelte elektrische Leistung P_I, Bild 5.2 [26]. Der Wert der Stromstärke am Entladungseintritt ist mit einem Kreis markiert, der letzte Wert in Strömungsrichtung mit einem Stern. Die

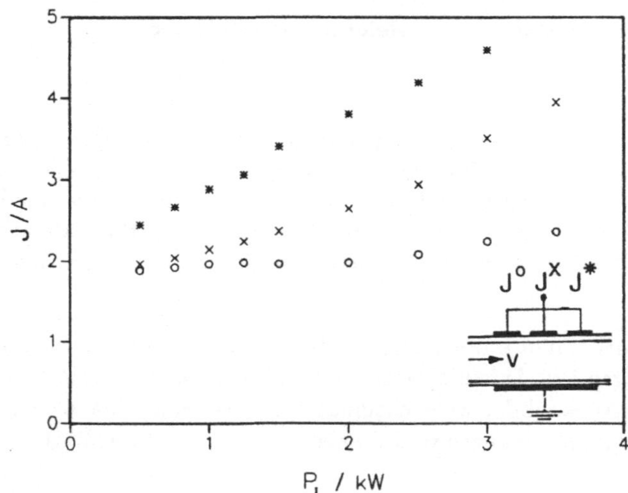

Bild 5.2: **Experimentelle Werte der lokalen Stromstärke in der Strömungsachse bei unverkippter Elektrode**

Segmentabstände in Strömungsrichtung sind äquidistant. Trotz der groben Auflösung der Ortsabhängigkeit lassen sich für den Stromanstieg deutlich zwei Effekte erkennen. Zum einen ist der Stromanstieg in Strömungsrichtung für höhere Einkoppelleistungen stärker ausgeprägt als für niedrige und zum anderen verläuft der Stromanstieg mit wachsender Entladungsstrecke zunehmend steiler. Wegen der Proportionalität von Stromdichte und Elektronendichte

$$j \sim N_e \tag{5.1}$$

lassen sich diese Ergebnisse sofort auf die Teilchenbetrachtungen in der Entladungsstrecke übertragen. Simulationsrechnungen mit konstanter elektrischer Feldstärke zeigen einen kontinuierlichen Anstieg der reduzierten Feldstärke wegen der abnehmenden Teilchendichte in Strömungsrichtung. Die Zahl der freien Elektronen pro Volumeneinheit nimmt rapide zu, Bild 3.6. Während die Ionisationsraten mit der reduzierten Feldstärke vor allem für kleine Werte von E/N stark steigen, sind die Rekombinations- und Anlagerungsvorgänge nur wenig von der reduzierten Feldstärke abhängig. Damit führt eine starke Zunahme der reduzierten Feldstärke zu einer Überproduktion von Elektronen und im ungünstigsten Fall zu einem Umschlag in die Bogenentladung.

Wird die Elektrode nun, wie in Bild 3.8 gezeigt, in Strömungsrichtung verkippt, reduziert sich durch die Vergrößerung des Dielektrikums der Stromzuwachs in der Strömung, Bild 5.3 [26]. Diese Elektrodenkonfiguration regelt über den Anstellwinkel ζ die Spannungs-

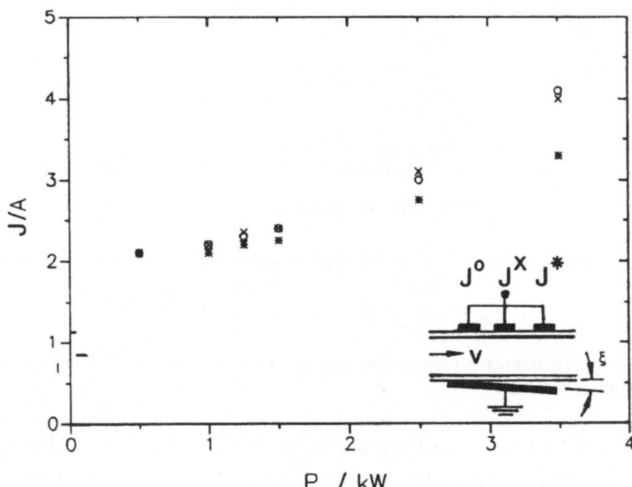

Bild 5.3: **Experimentelle Bestimmung der lokalen Stromstärke in der Strömungsachse bei in Strömungsrichtung verkippter Elektrode**

verteilung im Plasma, bis für einen speziellen Anstellwinkel von einer nahezu konstanten reduzierten Feldstärke in der Entladungsstrecke ausgegangen werden kann. Zwischen den Grenzfällen konstanter reduzierter Feldstärke mit in Strömungsrichtung abnehmender Elektronenzahl und dem Fall konstanter elektrischer Feldstärke mit stark ansteigender Elektronendichte, gefolgt von einem Umschlag in die Bogenentladung, liegt das Spektrum für die Manipulation des Feldverhaltens. Zur theoretischen Beschreibung dieser Systeme wird das reale elektrische Feld in der beschriebenen Näherung, Kapitel 3.1.3, berücksichtigt. Die Auswirkungen der Feldformung auf die laseraktiven Prozesse sind in Kapitel 6.2 simuliert.

5.2.2   Verstärkungseigenschaften im quergeströmten Laser

Bild 5.4 zeigt die Koeffizienten der Kleinsignalverstärkung eines quergeströmten CO_2-Lasers, wie in [102] veröffentlicht. Aus der Messung läßt sich eine deutliche Verschleppung

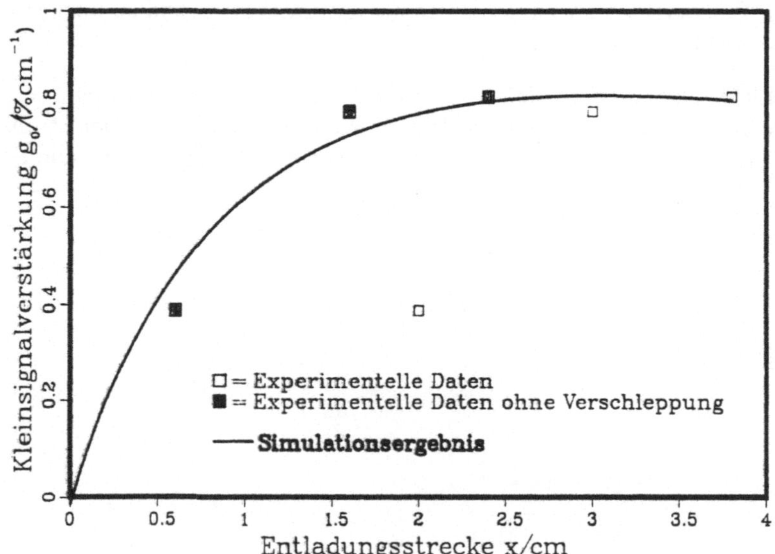

Bild 5.4: **Vergleich von berechneten und gemessenen Koeffizienten der Kleinsignalverstärkung im quergeströmten Laser**

des elektrischen Feldes in Strömungsrichtung als Folge der Konvektion nachweisen. Dieser Vorgang findet bei der Modellierung keine Berücksichtigung. Die ausgefüllten Punkte vertreten daher die Meßdaten bei vernachlässigter Verschleppung der Entladung. Zwischen Experiment und Modell kann eine gute Übereinstimmung erzielt werden.

Die Vorgänge in einer Entladungsdoppelstrecke, Bild 5.5, lassen sich weniger genau annähern. Während in der ersten Entladungsstrecke eine gute Übereinstimmung von Theorie und Experiment [103] vorliegt, kann für die zweite Entladungsstrecke in der Simulation nicht, wie im Experiment nachgewiesen, eine höhere Kleinsignalverstärkung erreicht werden. Im Versuch dominiert die bereits erwähnte Verschleppung des elektrischen Feldes. Die Verschiebung der ersten Entladungszone in Strömungsrichtung führt im realen Fall zu einer Feldstärke zwischen den Elektrodenregionen. Dies wird im Modell nicht erfaßt. Durch die experimentellen Untersuchungen mit Xenon wird die Interpretation des Verstärkungsverhaltens unter dem Aspekt der Verschleppung des elektrischen Feldes bestätigt. Das Verhalten der Kleinsignalverstärkung durch Anreicherung des Plasmas mit Xenon [103] deckt sich mit den Berechnungen aus dem Modell.

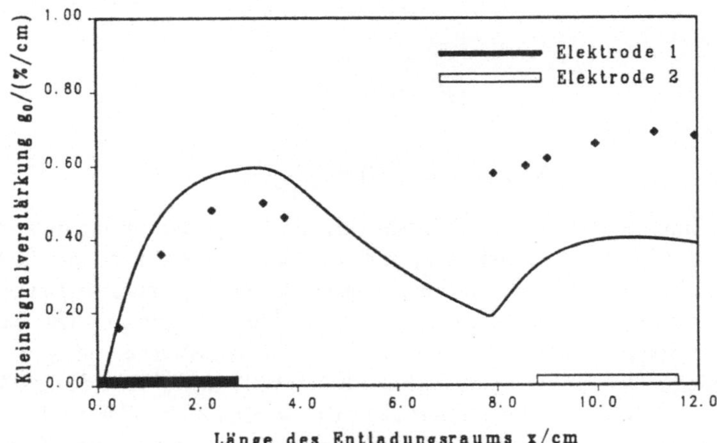

**Bild 5.5: Vergleich theoretischer und experimenteller Verstärkungswerte für eine Entladungs-
doppelstrecke**

5.2.3   Verstärkungseigenschaften im längsgeströmten CO_2-Laser

Für eine realitätsnahe Beschreibung der Vorgänge in längsgeströmten Lasern muß berücksichtigt werden, daß kinetische Relaxationsprozesse im Bereich hinter der Entladungsstrecke so lange die Laseraktivität beeinflussen, wie Strömungsachse und optische Achse
parallel verlaufen. Das gesamte Einflußgebiet ist in Bild 5.6 gerastert dargestellt.

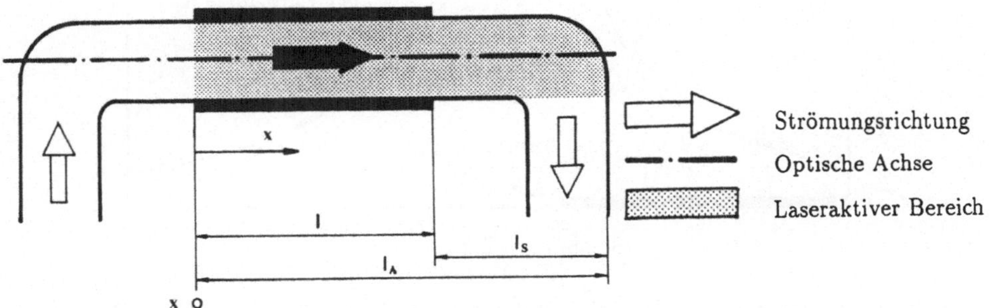

Bild 5.6: Schematische Darstellung des laseraktiven Bereichs im Strömungslaser

Um Vergleiche mit Meßergebnissen an längsgeströmten CO_2-Lasern zu ermöglichen, wird
die Simulationsrechnung über die Länge l_A vom Eintritt des Mediums in die Entladungsstrecke bis zum Verlassen der optischen Achse durchgeführt. Hinter der Entladungsstrecke

gilt:

$$jE(x > l) = 0 \qquad (5.2)$$

und

$$N_e(x > l) = N_e(l)\, exp[\frac{x - l}{v\tau_a}] \;, \qquad (5.3)$$

wobei v der Strömungsgeschwindigkeit entspricht, die Länge der Entladungsstrecke mit l bezeichnet wird und die Abklingzeit τ_A sich aus den Anlagerungs- und Rekombinationsraten k_A^e und k_R^e ergibt. Der Rechnung liegen die gasdynamischen Entladungseintrittsdaten $v_0 = 90$ m/s, $p_0 = 100$ mbar und $T_0 = 300$ K zugrunde. Die Längen der charakteristischen Bereiche sind $l = 20$ cm für die Entladungsstrecke und $l_S = 42$ cm für die 'freie Strömung'. Der Strömungsquerschnitt beträgt 21 cm². Um in den großen Rohrquerschnitten eine stabile Entladung zu ermöglichen, werden kleine elektrische Leistungsdichten bis 10 W/cm³ eingekoppelt [26]. Die Volumenanteile der einzelnen Komponenten des Gasgemischs betragen $He:N_2:CO_2 = 16:4:1$.

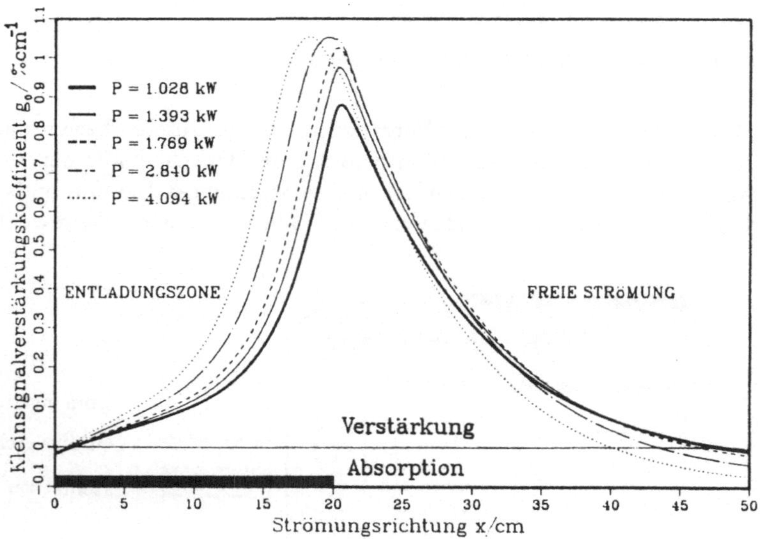

Bild 5.7: **Profil des lokalen Kleinsignalverstärkungskoeffizienten im laseraktiven Bereich des Strömungslasers**

Bild 5.7 zeigt die lokalen Kleinsignalverstärkungskoeffizienten entlang der Strömungsrichtung, abhängig von der eingekoppelten Leistung. Entsprechend den kleinen eingekoppelten Leistungsdichten werden die maximalen Koeffizienten erst zum Entladungsende erreicht. Die Verstärkung wird in Folge der räumlich und zeitlich verzögerten Relaxationsvorgänge auch im Bereich der freien Strömung aufrechterhalten, obwohl dort keine Energie zugeführt wird. Bei der Einkopplung von 4 kW ist nach 40 cm, d.h. nach der doppelten Länge der Entladungsstrecke, die Besetzungsinversion vollständig abgebaut. Kleinere elektrische Leistungen bedingen schwächere Abnahmen der Besetzungsinversion hinter der Entladung, da durch die geringere Energiezufuhr die thermischen Sättigungseffekte weniger stark ausgeprägt sind.

Aus dem Profil des lokalen Kleinsignalverstärkungskoeffizienten ist ersichtlich, daß auch der mittlere Kleinsignalverstärkungskoeffizient hinter der Entladungsstrecke ansteigt, siehe Bild 5.8. Der gemittelte Koeffizient erreicht sein Maximum zwischen Entladungsende und

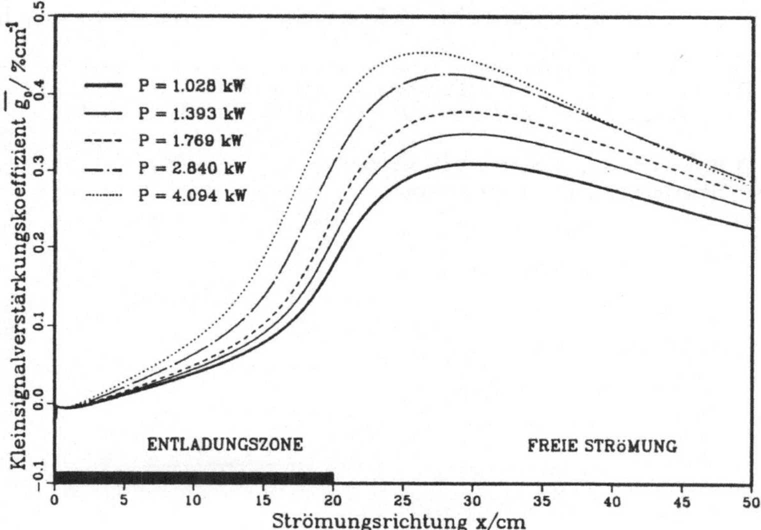

Bild 5.8: **Profil des mittleren Kleinsignalverstärkungskoeffizienten im laseraktiven Bereich des Strömungslasers**

dem Ort x mit $\Delta N(x) = 0$. Je kleiner die zugeführte elektrische Leistungsdichte ist, umso später wird das Maximum erreicht.

Da ortsaufgelöste Messungen des Kleinsignalverstärkungskoeffizienten in längsgeströmten Lasern nur unter großem technischen Aufwand durchgeführt werden können, wird die Kleinsignalverstärkung vorwiegend aus integralen Messungen gewonnen [26]. Dazu wird eine sehr kleine Eintrittsintensität $I_0 \ll I_s$ - so daß sie die Inversion nur wenig stört - in das laseraktive Medium geleitet. Beim Durchgang durch das Medium wird die Eintrittsintensität auf den Austrittswert I_l verstärkt. Der Kleinsignalverstärkungsfaktor

$$G_0 = \frac{I_l}{I_0} \quad \text{mit} \quad I_0 \ll I, \tag{5.4}$$

ergibt sich aus dem Verhältnis dieser Intensitäten. Daraus berechnet sich der mittlere Kleinsignalverstärkungskoeffizient

$$\bar{g}_0 = \frac{ln(G_0)}{l^*} \tag{5.5}$$

mit der charakteristischen Länge l^* des Systems. Die Wahl dieser charakteristischen Bezugslänge ist in längsgeströmten Lasern wegen der unterschiedlichen Einflußbereiche, Entladungsstrecke und freie Strömung, schwierig. In Bild 5.8 entspricht die charakteristische Länge in jedem Ort dessen Distanz zum Entladungseintritt, so daß sie am Ende des laseraktiven Bereiches gleich der Länge l_A ist. Meßwerte der Kleinsignalverstärkung bezogen

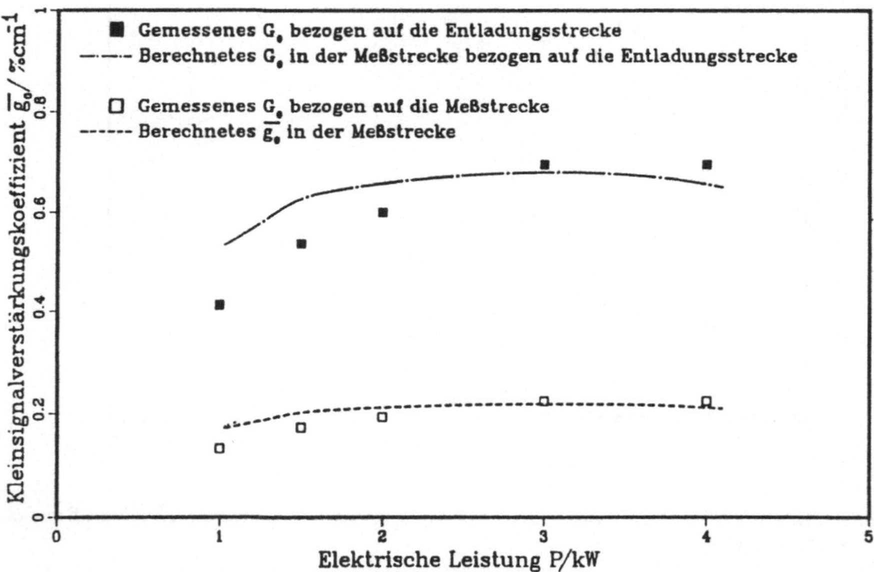

Bild 5.9: **Vergleich berechneter und gemessener Koeffizienten der Kleinsignalverstärkung in längsgeströmten CO_2-Lasern**

auf die Länge des laseraktiven Bereichs sind für die genannten Parameter in Bild 5.9 als leere Quadrate dargestellt, die korrelierenden Simulationsergebnisse sind in der gestrichelten Kurve erfaßt. Wird bei gleichen Randbedingungen die Länge der Entladungsstrecke als charakteristische Länge gewählt, ändern sich die Ergebnisse reziprok mit dem Längenverhältnis. In Bild 5.9 repräsentieren die ausgefüllten Quadrate die Meßergebnisse mit der Bezugslänge 1 und die strichpunktierte Kurve die zugehörigen Resultate der Simulation. Dabei zeigen Experiment und Simulation eine gute Übereinstimmung.

Vor allem beim Vergleich von Meßwerten unterschiedlicher Literaturquellen ist zu berücksichtigen, daß gleiche Werte der Kleinsignalverstärkung allein durch unterschiedlich gewählte Bezugslängen zu stark differierenden Koeffizienten führen. Da in längsgeströmten Lasern eine charakteristische Länge nicht eindeutig zu definieren ist - die Kleinsignalverstärkung hängt immer von der konkreten Konfiguration Entladungsstrecke/freie Strömung ab - , ist es sinnvoll, die Systeme direkt durch den Kleinsignalverstärkungsfaktor G_0, statt durch den Koeffizienten $\bar{g}_0$, zu klassifizieren.

Für das betrachtete System zeigt der Kleinsignalverstärkungsfaktor, Bild 5.10, einen Verlauf ähnlich dem gemittelten Kleinsignalverstärkungskoeffizienten, Bild 5.8. Dabei ent-

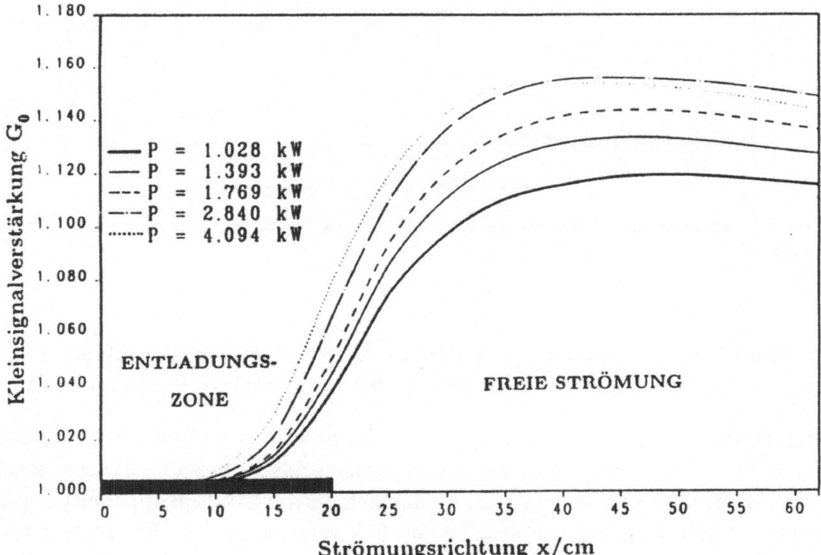

Bild 5.10: **Verlauf des Kleinsignalverstärkungsfaktors**

spricht jeder Wert $G_0(x)$ der in einem System der Länge x vorherrschenden Kleinsignalverstärkung $\ln(G_0)$. Auch zum Erreichen der maximalen Kleinsignalverstärkung müssen die Relaxationsvorgänge hinter der Entladungsstrecke in Betracht gezogen werden, wobei die optimale Länge des laseraktivem Bereichs vom Gradienten des Inversionsabbaus abhängt und den Ort des maximalen Kleinsignalverstärkungsfaktors nicht überschreiten sollte.

Die mittlere Sättigungsintensität nimmt wie in den vorausgehenden Kapiteln beschrieben in Strömungsrichtung ab, Bild 5.11, und erreicht am Ende des laseraktiven Bereichs Werte um 350 W/cm^2, die in den Messungen [26] bestätigt werden. Mit Werten um 600 W/cm^2 am Ende der Entladungsstrecke sinkt die Sättigungsintensität in der freien Strömung auf

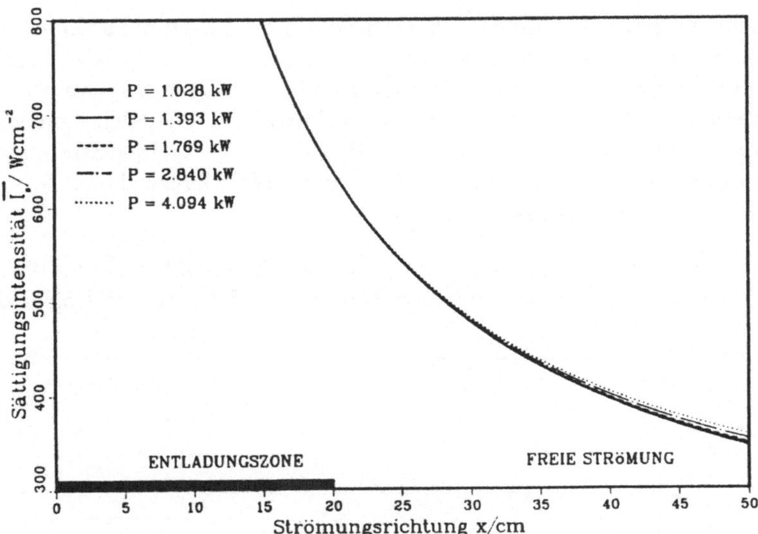

Bild 5.11: Profil der mittleren Sättigungsintensität im laseraktiven Bereich des Strömungslasers

nahezu die Hälfte ihres Entladungsendwertes ab. Damit entspricht der erhöhten Kleinsignalverstärkung im Bereich hinter der Entladung eine stark verringerte Sättigungsintensität.

Wird in den Positionen x = 0 cm und x = 62 cm ein Spiegelpaar (Reflexionsgrad des Endspiegels R_e = 99.3 %, Reflexionsgrad des Auskoppelspiegels R_a = 93 %, Transmissionsgrad des Auskoppelspiegels 6.5 %) angebracht, so läßt sich bei 4.2 kW Einkoppelleistung und 0.5 % Verlusten im Medium eine Laserleistung von 515 W auskoppeln. Dies entspricht einem Laserwirkungsgrad von 12.3 %. Messungen der Laserleistung an Systemen mit ähnlichen Randbedingungen führen zu vergleichbaren Ergebnissen [26], so daß auch die Simulationsergebnisse für den Oszillatorbetrieb durch experimentelle Untersuchungen abgesichert sind.

6 Charakteristika des laseraktiven Mediums

Um den Zusammenhang zwischen Betriebsparametern und erzielbarer Leistungsfähigkeit bereits bei der Auswahl des Mediums nicht nur qualitativ, sondern auch quantitativ abzuschätzen, bieten sich die Betriebsbereichsscannungen mittels der Computersimulation an. Effizienz und Kompaktheitsgrad des Gaslasers spielen eine entscheidende Rolle für seine Marktsituation. Neben den Möglichkeiten raumsparender Resonatoranordnungen können verstärkt kurze, effizient arbeitende Entladungszonen das Bauvolumen verringern. Dies erfordert präzise aufeinander abgestimmte Betriebsparameter.

Betriebsparameter sind thermodynamische und elektrische Größen, die durch gezielte Manipulation an der Versorgungsanlage frei einstellbar sind. Als typische Regelgrößen für den Laserprozeß sind anzuführen der thermodynamische Zustand des Mediums bei Entladungseintritt, die Gaszusammensetzung, die Eigenschaften des elektrischen Feldes über den Betrag der reduzierten Feldstärke am Entladungseintritt und die Art der Einkopplung. Die folgenden Unterkapitel geben einen exemplarischen Einblick in die Einflußmöglichkeiten von thermodynamischen und elektrischen Randbedingungen und zeigen deren Auswirkungen auf das laseraktive Medium. Die resultierenden Daten für die Kleinsignalverstärkung und die Sättigungsintensität erlauben Rückschlüsse auf das Verhalten des Systems im Oszillatorbetrieb.

6.1 Abhängigkeit der Lasertätigkeit vom gasdynamischen Anströmzustand

Bevor die Effizienz der Inversionserzeugung betrachtet werden kann, muß geklärt werden, ob bei dem angelegten elektrischen Feld und den ausgewählten thermodynamischen Randbedingungen der Existenzbereich für die Lasertätigkeit - zwischen Choking und thermischer Besetzung bei selbständiger Entladung - erreicht werden kann. In der folgend aufgeführten Studie sind bei fester Einströmtemperatur $T = 300$ K und gleichem zeitlichen Mittelwert der reduzierten Feldstärke $\overline{E/N} = 1.9 \cdot 10^{-16} \mathrm{Vcm}^2$ am Entladungseintritt die Entwicklung der gasdynamischen, elektrischen und kinetischen Größen entlang einer Entladungsstrecke von 30 cm Länge aufgezeigt.

Das Exempel wird mit einer Hochfrequenzanregung bei 13.6 MHz und einer über die Entladungsstrecke konstanten Speisespannung geführt. Die Dicke des Dielektrikums $\delta_E = 4$ mm ist ebenfalls konstant. Anfangsdruck p_0 und Anfangsgeschwindigkeit v_0 werden variiert für $80 \text{ mbar} \leq p_0 \leq 160 \text{ mbar}$, respektive $75 \text{ m/s} \leq v_0 \leq 250 \text{ m/s}$.

Abhängig von dem thermodynamischen Zustand und unter der Voraussetzung unveränderlicher reduzierter Feldstärke am Entladungseintritt nimmt die Speisespannung U_G Werte zwischen 1 und 2 kV an. Der Spannungsverlauf im laseraktiven Medium U_D entlang der Strömungsachse ist in Bild 6.1 am Beispiel der mit 150 m/s und einem Druck von 120 mbar angeströmten Entladungsstrecke dargestellt. Die lokalen Werte berechnen sich aus der ortsabhängigen Feldstärke, Gleichung (3.18), und dem Elektrodenabstand. Zusätzlich ist der Spannungszuwachs in der dielektrischen Schicht der Entladung U_E aufgetragen. Die Gesamtspannung U_G ist auch hier im zeitlichen Mittel konstant vorausgesetzt.

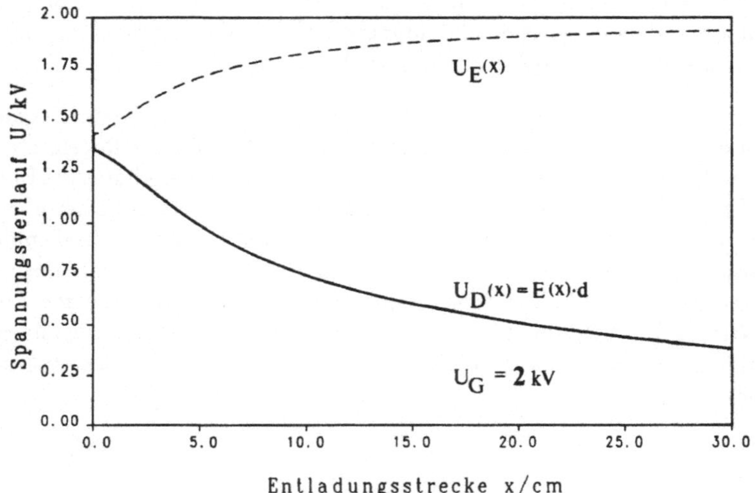

Bild 6.1: **Spannungsverlauf im laseraktiven Medium und im Dielektrikum der Dicke $\delta_E = 4$ mm bei Niederdruckglimmentladung mit Hochfrequenzanregung bei 13.6 MHz**

6.1.1 Auswirkungen auf das gasdynamische Verhalten

Es zeigt sich, daß bei hohem Anfangsdruck sowohl Choking bei hoher Anfangsgeschwindigkeit, Bild 6.2, wie auch Überhitzung bei kleiner Anfangsgeschwindigkeit, Bild 6.3, auftreten, während bei kleinen Eingangsdrücken im selben Geschwindigkeitsbereich diese Grenzen nicht erreicht werden.

Die stationäre Strömung wird für $p_0 = 160$ mbar und $v_0 = 75$ m/s bei einer Entladungslänge von 27 cm durch Erreichen der lokalen Schallgeschwindigkeit zerstört. Für kleinere Drücke wandert der Ort des Auftretens von Choking in Richtung größerer Entladungslängen, bis schließlich innerhalb des untersuchten Bereichs kein Verstopfen stattfindet. Da nach dem Auftreten von Choking ein Laserbetrieb nicht mehr möglich ist, bricht die Rechnung in diesem Punkt, in den Bildern 6.2 bis 6.14 für den Anfangsdruck von 160 mbar mit 'C' bezeichnet, ab. Neben der Temperatur- und Geschwindigkeitssteigerung sind auch die

Druckverluste, Bild 6.4, für hohe p_0 wesentlich stärker ausgeprägt. Die Ursache für dieses Verhalten liegt in der Forderung nach konstanter reduzierter Feldstärke am Entladungseintritt. Mit erhöhter Teilchenzahl im System ist eine höhere Spannung und damit eine größere elektrische Feldstärke erforderlich, um gleiche reduzierte Feldstärken zu realisieren. Daraus folgt eine erhöhte Leistungszufuhr, die eine stärkere thermodynamische Zustandsänderung im laseraktiven Medium verursacht.

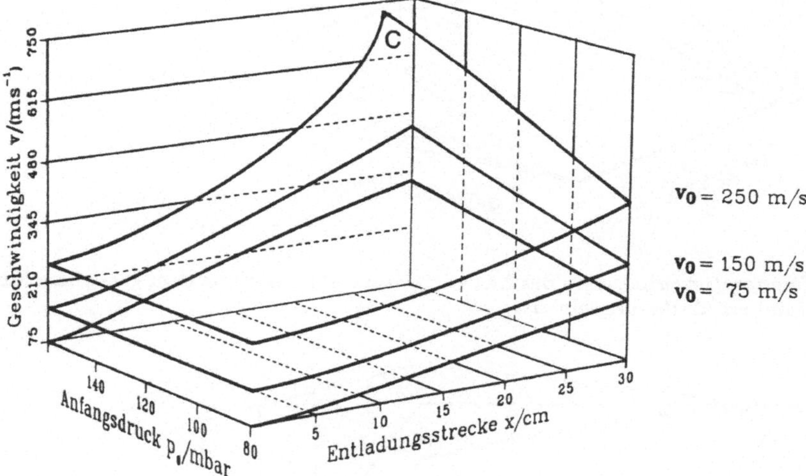

Bild 6.2: Geschwindigkeitsverhalten in der Entladungszone abhängig von dem gasdynamischen Zustand am Entladungseintritt

Druck- und Geschwindigkeitsniveau werden direkt durch den gewählten Anfangswert festgelegt, ihr Verlauf in der Entladungsstecke wird von den jeweils anderen thermodynamischen Parametern und den energetischen Randbedingungen geprägt. Die thermodynamische Zustandsänderung zwischen zwei Punkten in der Entladung ist immer als das Resultat aus allen Zustandsänderungen in dieser Teilstrecke anzusehen.

Temperaturniveau und -profil, Bild 6.3, hängen von der gewählten Druck/Geschwindigkeits-Kombination ab. Die im Hinblick auf thermisches Besetzungsverhalten als kritisch angesehenen Temperaturwerte von 450 K - 550 K wandern für kleine Geschwindigkeiten ($\leq$ 100 m/s) und hohe Drücke ($\geq$ 100 mbar) in Richtung Entladungseintritt, so daß schon nach kurzer Anregungsstrecke Sättigungsverhalten vorliegt. Für einen Druck $p_0 = 160$ mbar und einer Geschwindigkeit v_0 von 75 m/s sind 450 K schon nach 6 cm Entladungszone erreicht.

Bei hoher Geschwindigkeit und hohem Anfangsdruck ist kurz vor Erreichen von Choking ein Temperaturabfall zu bemerken, Kapitel 2.4. Begleitet wird der Temperaturrückgang

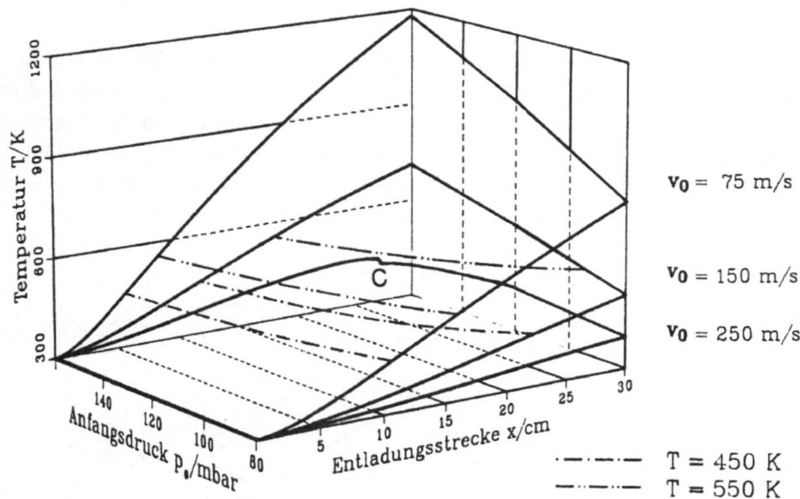

Bild 6.3: **Temperaturverhalten in der Entladungszone abhängig von dem gasdynamischen Zustand am Entladungseintritt**

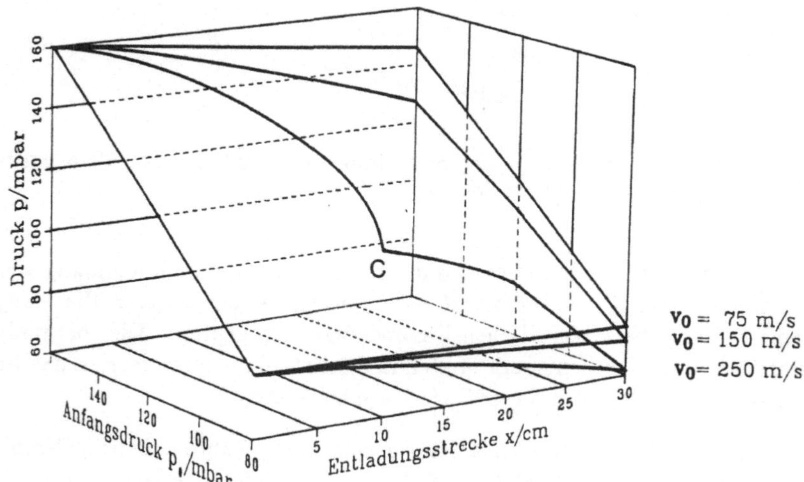

Bild 6.4: **Druckverhalten in der Entladungszone abhängig von dem gasdynamischen Zustand am Entladungseintritt**

von einem starken Geschwindigkeitsanstieg bei einem ebenso raschen Druckabfall. Die stationäre Strömung kollabiert, da ein stetiger Schalldurchgang nicht möglich ist. Unterhalb dieses Grenzfalls ändern sich Druck und Geschwindigkeit in der Entladungsstrecke nahezu linear.

Aus den Betrachtungen des thermodynamischen Verhaltens läßt sich bereits ableiten, daß ein hoher Eingangsdruck, verbunden mit einer hohen Teilchenzahl pro Volumeneinheit, das System in Hinblick auf die verschiedenen Zustandsänderungen sensibilisiert. Die Ursachen hierfür liegen in dem größeren Gesamtspannungsbedarf und der Möglichkeit, hohe elektrische Leistungsdichten einzukoppeln. Das folgende Unterkapitel erläutert diese Zusammenhänge.

6.1.2 Beeinflussung der elektrischen Eigenschaften

Entsprechend der Änderungen des thermodynamischen Gaszustands ändern sich die elektrischen Größen. Durch die der Thermodynamik folgenden Leitfähigkeit des Gases ist die elektrische Feldstärke ohne weitere Kompensationsmaßnahmen im Verlauf der Entladungsstrecke nicht konstant. Die prägende elektrische Größe, die reduzierte Feldstärke $\overline{E/N}$, bringt mit der Gesamtteilchenzahl N die Ortsabhängigkeit des thermodynamischen Zustands direkt in die Entladungseigenschaften ein. Demzufolge ändern sich elektrische Leistungsdichte und Elektronendichte an jedem Ort der Entladung, bestimmt von thermodynamischen und elektrischen Zustandsänderungen und der Art der Einkopplung. Die lokale Elektronendichte ist in Bild 6.5 dargestellt.

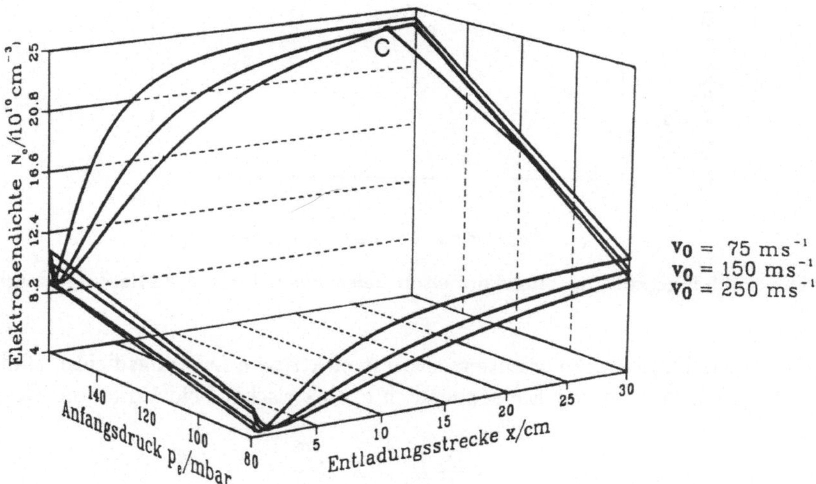

Bild 6.5: Verlauf der Elektronendichte in der Entladungszone abhängig von dem gasdynamischen Zustand am Entladungseintritt

Der stärker ausgeprägten Änderung der Gesamtteilchenzahl bei hohem Anfangsdruck folgt direkt ein stärkeres Ansteigen der Elektronendichte in diesem Druckbereich. Zusätzlich erreicht die Elektronendichte ein höheres Niveau. Das gleiche gilt, wenn auch weniger stark ausgeprägt, für eine Erhöhung der Anströmgeschwindigkeit. Hier läßt sich für den untersuchten Parameterbereich ein nahezu konstantes Verhältnis von Elektronendichte am Ende der Entladungsstrecke zur Elektronendichte am Anfang der Entladungsstecke $N_e^{Ende}/N_e^{Anfang} = 1.5 \ldots 1.8$ feststellen. Die Werte gelten für eine Entladungslänge von 30 cm.

Am Entladungseintritt ist die Ionisationsrate N_e/N unabhängig vom thermodynamischen Zustand für die verschiedenen Eintrittsbedingungen gleich. Mit gleichzeitig konstant vorausgesetztem $\overline{E/N}$ folgt die lokale Leistungseinkopplung nach [40] dem Quadrat des Drucks, Bild 6.6,

$$jE \sim p^2 . \tag{6.1}$$

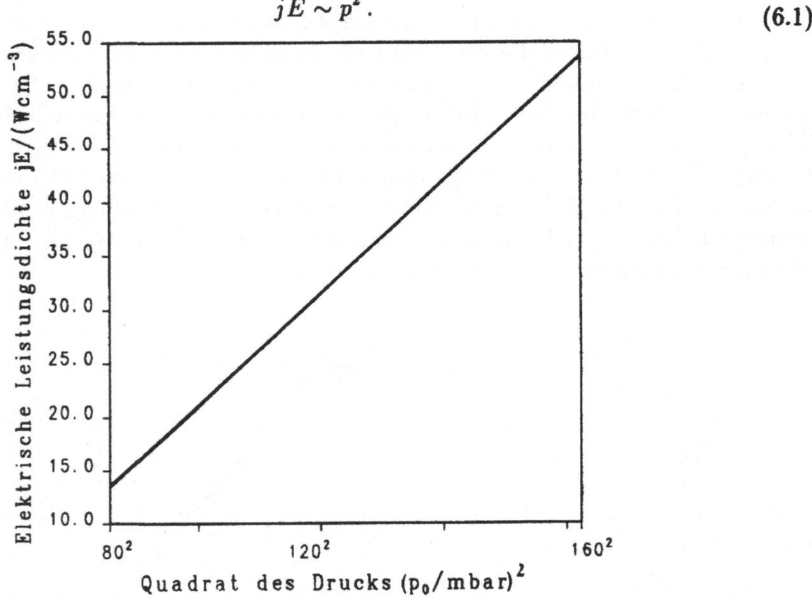

Bild 6.6: **Druckabhängigkeit der eingekoppelten Leistungsdichte am Entladungseintritt**

Entlang der Entladungsstrecke orientiert sich die elektrische Leistungsdichte, Bild 6.7, an den veränderlichen Werten von Elektronendichte, elektrischer Feldstärke und Gesamtteilchenzahl [27]

$$jE \sim \frac{N_e}{N}E^2 = N_e E \frac{E}{N} . \tag{6.2}$$

Die elektrische Leistungsdichte ist das Resultat zweier gegenläufiger Prozesse im System. Die Änderung des thermodynamischen Zustands in der Entladungsstrecke impliziert zu Be-

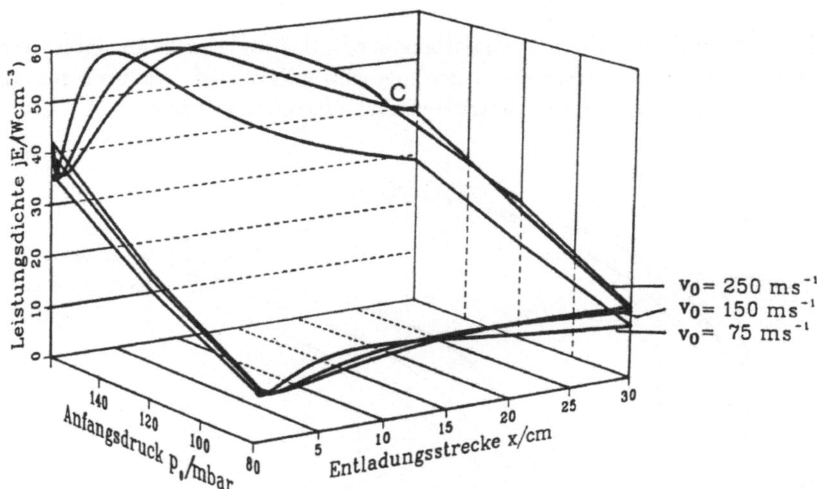

Bild 6.7: Lokal eingekoppelte elektrische Leistungsdichte abhängig von dem thermodynamischen Zustand am Entladungseintritt

ginn der Entladungsstrecke einen ausreichend starken Anstieg der reduzierten Feldstärke für eine Zunahme an freien Elektronen in Strömungsrichtung trotz der Abschwächung des elektrischen Feldes. Trotz Feldstärkenänderungen um 50 % über die gesamte Entladungsstrecke, Bild 6.1, kann die Driftgeschwindigkeit als nahezu konstant vorausgesetzt werden, Bild 4.4. Damit wächst die Stromdichte proportional zur Elektronendichte an. Die elektrische Leistungsdichte ist strombestimmt. Andererseits sinkt die Feldstärke in der Entladungsstrecke umso ausgeprägter, je stärker die Gesamtteilchendichte abnimmt. Wie im vorigen Unterkapitel beschrieben, ist deren Änderung im wesentlichen druckbestimmt. Mit abnehmender Feldstärke wird die Zunahme der reduzierten Feldstärke im hinteren Entladungsbereich geringer, die Elektronendichte in diesem Bereich nimmt ab. Abhängig davon, welcher Prozeß überwiegt, steigt oder fällt die elektrische Leistungsdichte. Für hohe Drücke weist sie ein den laserkinetischen Größen analoges Sättigungsverhalten auf, während sie bei kleinen Drücken und hohen Geschwindigkeiten über die gesamte Entladungsstrecke ansteigt. Durch diese Wechselwirkungen lassen sich bei hohen Eingangsdrücken steigende Elektronendichten bei fallenden Einkoppelleistungen erreichen. Das Produkt aus Stromdichte und Feldstärke ist feldbestimmt.

Ferner bleibt zu berücksichtigen, daß die Änderung der eingekoppelten Leistung überlagert wird von einer dem lokalen thermodynamischen Zustand und dem lokalen Anregungsgrad der Moleküle entsprechenden Aufteilung der eingebrachten Energie in ihre verschiedenen Erscheinungsformen, Bild 2.8. Exemplarisch sei das Verhalten des Heizungsanteils relativ zur eingebrachten elektrischen Leistung in Bild 6.8 dargestellt. Nahezu unabhängig vom

Druckniveau steigt der Heizbeiwert c_H entlang der Entladungsstrecke an. Sein Niveau liegt dabei umso höher, je langsamer die Anströmgeschwindigkeit ist, wodurch sich die frühe thermische Besetzung bei kleinen Eintrittsgeschwindigkeiten erklärt.

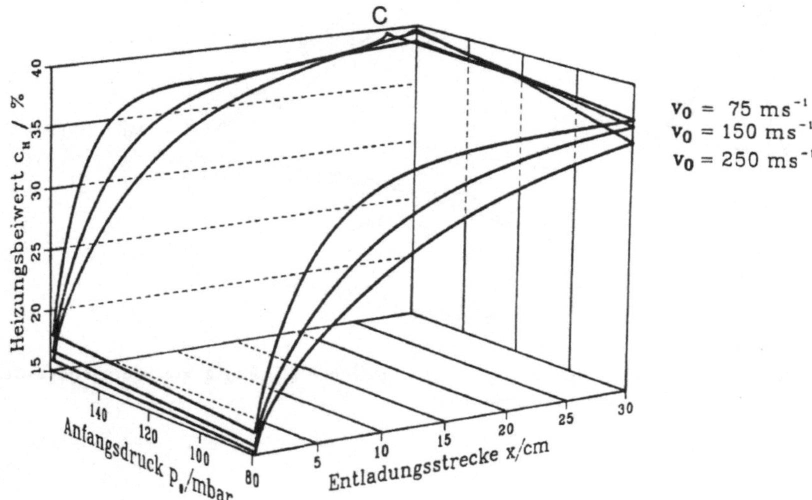

Bild 6.8: Lokaler Heizungsbeiwert in Prozenten von der lokal eingekoppelten elektrischen Leistung

6.1.3 Verhalten der Laserkinetik

Als Folge dieses Verhaltens und es wiederum bedingend stellen sich die kinetischen Daten in der Entladungsstrecke ein. Das Überschreiten beider Laserbetriebsgrenzen im hohen Druckbereich ist am Verlauf der lokalen Kleinsignalverstärkungskoeffizienten in Bild 6.9 deutlich zu sehen. Für einen Eintrittsdruck von 160 mbar verstopft die Entladungsröhre nach 27 cm bei einer Eintrittsgeschwindigkeit von 250 m/s. Bei einer Anströmgeschwindigkeit von 75 m/s überwiegen nach einer Strecke von 22 cm und einer Temperatur von 977 K die Absorptionsvorgänge. Thermisches Besetzungsverhalten ist schon früher erreicht, die Lasertätigkeit wird spätestens mit der Reduktion der gemittelten Kleinsignalverstärkungskoeffizienten, Bild 6.10, nach 6 cm und bei einer Temperatur von 470 K ineffizient.

Für eine Anströmgeschwindigkeit von 250 m/s geht das System nicht mehr in Sättigung. Das bedeutet, daß bei einer maximalen Rohrlänge von 30 cm die maximal mögliche Kleinsignalverstärkung nicht erreicht werden kann. Das Sättigungsverhalten ist über die Besetzung der Vibrationsniveaus eng mit der Gastemperatur verknüpft und tritt entsprechend

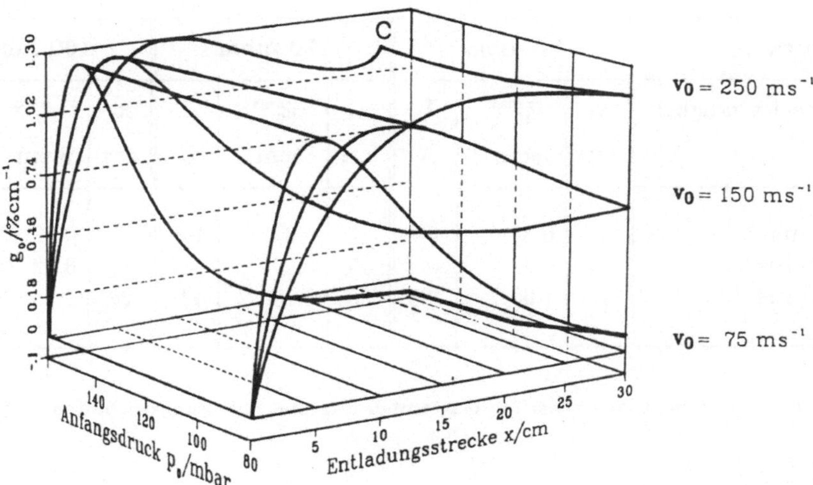

Bild 6.9: Lokale Kleinsignalverstärkungskoeffizienten in der Entladungszone abhängig von dem gasdynamischen Zustand am Entladungseintritt

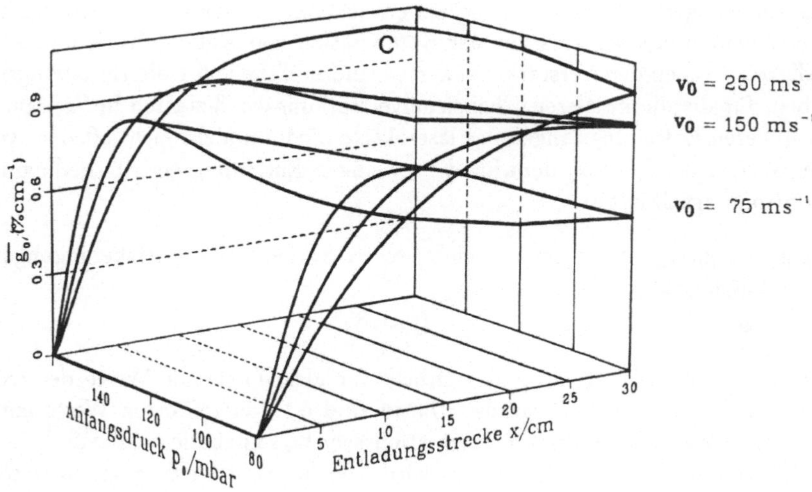

Bild 6.10: Mittlere Kleinsignalverstärkungskoeffizienten in der Entladungszone abhängig von dem gasdynamischen Zustand am Entladungseintritt

dem in der Literatur ausgewiesenen Wert bei Temperaturen um 450 K auf. Dieser Wert wird durch die in Tabelle 6.1 angeführten Beispielrechnungen bestätigt.

Druck p_0	80 mbar			120 mbar			160 mbar		
Geschwindigkeit v_0	x_s cm	$\bar{g}_0^{max}$ %cm^{-1}	T_s K	x_s cm	$\bar{g}_0^{max}$ %cm^{-1}	T_s K	x_s cm	$\bar{g}_0^{max}$ %cm^{-1}	T_s K
75 ms^{-1}	11	0.83	461	8	0.84	469	6	0.82	470
150 ms^{-1}	21	0.92	443	15	0.93	447	12	0.92	453
250 ms^{-1}	30	1.00	425	30	1.10	427	28	1.38	400

Tabelle 6.1: **Zusammenhang zwischen Gastemperatur und Sättigungsverhalten**

Da bei hoher Anströmgeschwindigkeit die Temperatur im gesamten Kontrollraum unterhalb 450 K liegt, ist die Verstärkung über die ganze Strecke effizient. Beim Übergang zu kleineren Eingangsdrücken ist das kinetische Verhalten im dargestellten Geschwindigkeitsbereich weniger kritisch. Die maximal erreichbaren Werte für die Kleinsignalverstärkungskoeffizienten ergeben sich aus der Kombination von Anfangsdruck und Anfangsgeschwindigkeit. Neben den Verstärkungswerten sind in Tabelle 6.1 die Entladungslängen x_s angegeben, für die die mittleren Kleinsignalverstärkungskoeffizienten in Sättigung gehen. Da bei größeren Entladungslängen das laseraktive Medium nicht mehr effizient verstärken kann, entspricht der Wert x_s dem für die jeweiligen Entladungseintrittsbedingungen effizienten Strömungsabschnitt.

Abhängig von gasdynamischen und elektrischen Entladungseintrittsbedingungen ändert sich die Sättigungsintensität

$$I_s \sim p^2 \qquad (6.3)$$

an diesem Ort mit dem Quadrat des Drucks für gleichbleibende Werte der reduzierten Feldstärke und des Ionisierungsgrads. Die in Bild 6.11 aufgeführten Werte entsprechen den Rechenwerten nach dem ersten Integrationsschritt, so daß die quadratische Abhängigkeit der Sättigungsintensität vom Anfangsdruck nicht exakt wiedergegeben werden kann. Entlang der Strömungsachse ändert sich die Sättigungsintensität konträr zu dem Verhalten der Koeffizienten der Kleinsignalverstärkung, Bild 6.12. Sie fällt von einem hohen Anfangswert sehr schnell um mehrere Größenordnungen auf ein nahezu konstantes Niveau. Das anfängliche Maximum resultiert aus den eingangs thermisch besetzten Vibrationsniveaus der ersten symmetrischen und der ersten asymmetrischen Längsschwingung des Kohlendioxids und der sehr kleinen Aufenthaltsdauer der Teilchen im Anregungsbereich. Zwar sind die Änderungen der Sättigungsintensität im Plateaubereich gering im Vergleich zu ihrem Anfangsgradienten, doch ist eine tatsächlich konstante Sättigungsintensität nur

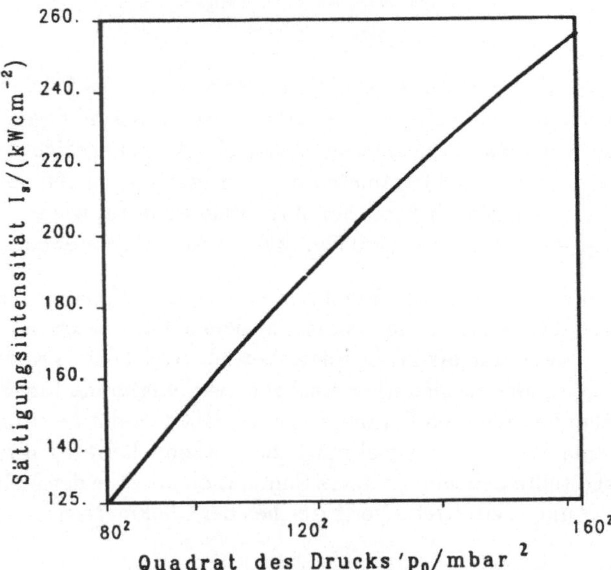

Bild 6.11: **Sättigungsintensität nach dem ersten Integrationsschritt hinter dem Entladungseintritt in Abhängigkeit vom Quadrat des Anfangsdrucks**

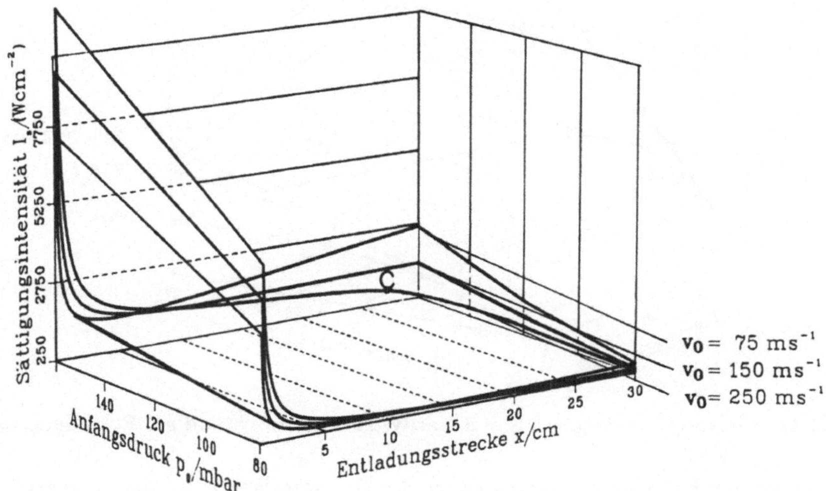

Bild 6.12: **Profil der Sättigungsintensität abhängig von dem gasdynamischen Zustand am Entladungseintritt**

dann zu erwarten, wenn der Koeffizient der Kleinsignalverstärkung ebenfalls einen konstanten Wert annimmt, d.h. wenn sich auch der thermodynamische Zustand nicht mehr
ändert. Bei hohem Druck erreicht die Sättigungsintensität wegen der stärkeren Tempe-

raturzunahme und der dadurch hervorgerufenen Verringerung des Wirkungsquerschnitts ein höheres Niveau als für kleine Drücke. In Strömungsrichtung hingegen dominieren die temperaturabhängigen Relaxationskoeffizienten und die Besetzungsdichten das Verhalten der Sättigungsintensität. Für die Parameter $v_0 = 75$ ms^{-1}/$p_0 = 160$mbar steigt sie im Bereich fallender Verstärkung nach Erreichen ihres Plateauwertes wieder an, während sie in den Fällen nicht erreichter Inversionssättigung der Besetzungsinversion stetig sinkt.

Aus der Sättigungsintensität und dem Koeffizienten der Kleinsignalverstärkung läßt sich bei Kenntnis des Kavitätsvolumens die maximal auskoppelbare Laserleistung bestimmen. Sie ist der obere Grenzwert für die im Oszillatorbetrieb erreichbare Laserleistung. Unter der Voraussetzung wenig unterschiedlicher Auskoppelwirkungsgrade für die gleiche Resonatorgeometrie in dem betrachteten Parameterbereich läßt sich das Leistungsverhalten der verschiedenen Systeme über die maximal mögliche Auskoppelleistung direkt vergleichen. Die in Bild 6.13 dargestellte Leistung ist durch Summation über die den Volumenelementen A·dx entzogenen Leistungen ermittelt. Vor Erreichen der Chokinggrenze liefert das schnell-

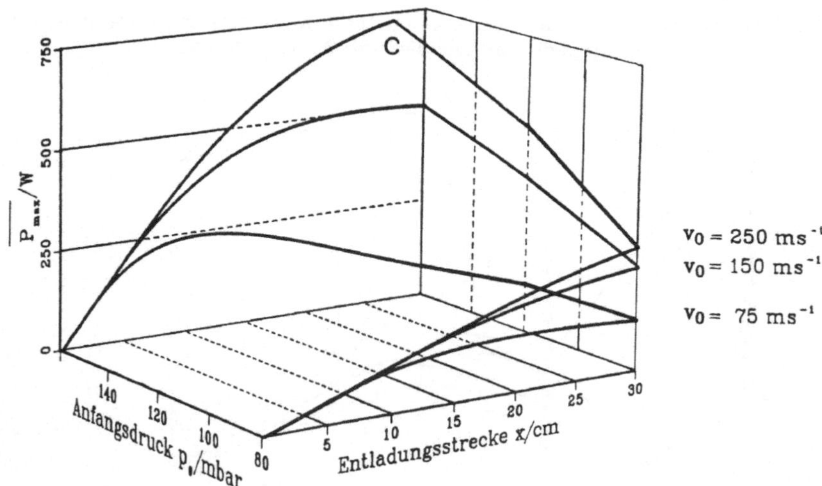

Bild 6.13: **Laserleistung abhängig von dem gasdynamischen Zustand am Entladungseintritt**

geströmte System bei hohem Eingangsdruck die höchsten Werte der maximal erreichbaren Auskoppelleistung im gesamten Betriebsbereich. Der hohe Massendurchsatz (großes p_0 und großes v_0) erlaubt die Einkopplung hoher elektrischer Leistungen und ermöglicht dadurch eine hohe Auskoppelleistung.

Von einer ausschließlichen Optimierung der Anströmgeschwindigkeit geht zwar durchaus eine positive Tendenz für die Leistungssteigerung aus, ihre Variation allein liefert jedoch nicht die günstigsten Rahmenbedingungen für hohe Laserleistungen. Bei gleichbleibender

Geschwindigkeit lassen sich durch die Erhöhung des Drucks schon bei wesentlich kürzeren Rohren die gleichen Auskoppelleistungen erreichen wie bei kleinen Drücken und langen Rohren. Für eine Anfangsgeschwindigkeit von 250 m/s kann für eine angestrebte Laserleistung von 250 W bei Verdoppelung des Eingangsdrucks und dadurch erhöhter Einkoppelleistung die Entladungsstrecke um 15 cm verkürzt werden.

Die erzielbaren Wirkungsgrade, Bild 6.14, für die Umwandlung der eingekoppelten elektrischen Leistung in die maximal auskoppelbare Laserleistung liegen hingegen bei niedrigen Drücken deutlich günstiger. Da hier Sättigungseffekte nicht aufgetreten sind, ist die Verstärkung im gesamten Entladungsraum effizient. Hohe Auskoppelleistungen sind demzufolge effizienter zu erzielen, wenn im gesamten System die Grenze der Inversionssättigung nicht überschritten wird. Damit lassen sich die Anforderungsprofile an neue Systeme durch unterschiedlichste Parameterkombinationen verwirklichen.

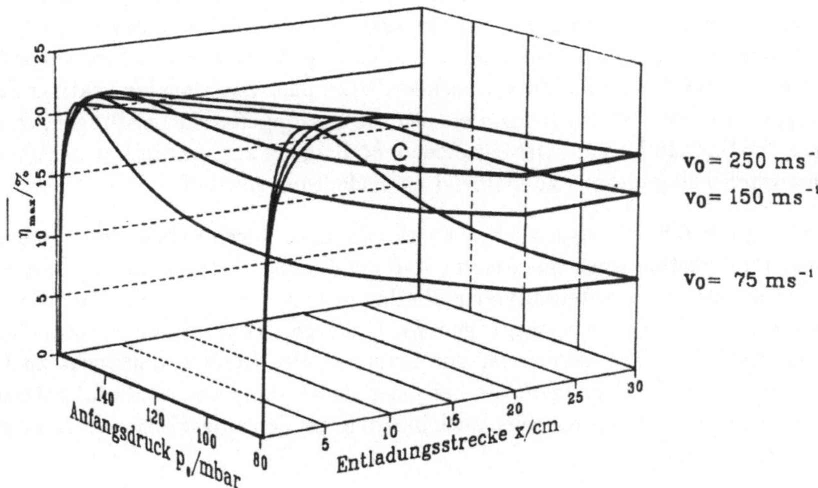

Bild 6.14: **Verhalten des Laserwirkungsgrads in der Entladungszone abhängig von dem gasdynamischen Zustand am Entladungseintritt**

Auch hier zeigt sich, daß eine optimale Einstellung der Betriebsparameter eine gegenseitige Abwägung aller Regelgrößen erfordert und nicht willkürlich über die Variation einer einzelnen Größe vorgenommen werden kann. Den jeweiligen Prioritäten und Realisationsmöglichkeiten folgend, ergeben sich Effizienz und Kompaktheitsgrad der Anlage als Optimum aus einer detaillierten Untersuchung aller intervenierenden Parameter.

6.1.4 Anwendung der Skalierungen auf den längsgeströmten CO_2-Laser

Skalierungsbetrachtungen bieten die Möglichkeit, aus wenigen gezielten Untersuchungen Abschätzungen von Leistungsdaten bei geänderten Betriebsbedingungen vorzunehmen. Im Gegensatz zu den Verhältnissen im quergeströmten Laser, wo optische Achse und Strömungsrichtung senkrecht zueinander verlaufen, sind die Veränderungen und Wechselwirkungen im längsgeströmten CO_2-Laser vielseitiger und komplizierter.

Es ist daher schwieriger, Skalierungsbetrachtungen auf den längsgeströmten Laser anzuwenden. Werden z.B. Leistungsabschätzungen über den Systemdruck vorgenommen, liegt es nahe, sich auf das mittlere Druckniveau in der Entladungsstrecke zu beziehen. Dieses gibt jedoch keine Auskunft darüber, wie der zugehörige Druck am Entladungseintritt einzustellen ist. Außerdem können die Begleitgrößen aus dem jeweils anderen physikalischen Themenkreis nicht mehr als Konstanten mitgeführt werden, sondern sind gemäß ihrer Abhängigkeit von der Nenngröße als Varianten zu behandeln. Dieser Umstand liefert wesentlich weniger eindeutige Aussagen, als dies beim quergeströmten Laser möglich ist. Eine weitere Unsicherheit folgt aus dem wahrscheinlicheren Auftreten von Inversionssättigung in langen Entladungsstrecken. Mit wachsender Diskrepanz zwischen laseraktiver Zone und ungesättigtem Betriebsbereich reduzieren sich die auskoppelbaren Leistungen, so daß das Verhältnis der Distanz bis zum Ort einsetzender Sättigung zur gesamt betrachteten Länge - im günstigsten Fall gleich 1 - zunehmend an Bedeutung gewinnt.

Die Formulierung schnell zugänglicher Extrapolationen birgt neben der Ungenauigkeit durch die Simplifikation auch die Gefahr, daß der Existenzbereich für die Lasertätigkeit verlassen wird und die ermittelten Werte überhaupt nicht ereichbar sind, so zum Beispiel, wenn von Randbedingungen ausgegangen wird, die den Bereich der selbständigen oder homogenen Entladung verlassen, oder vor Erreichen des Resonatoraustritts zu Choking führen. Von diesen Überlegungen, die bei jeder Anwendung von Skalierungsaussagen in Betracht gezogen werden sollten, seien auch die im folgenden aufgeführten Zusammenhänge nicht ausgenommen.

Als schnelle Beurteilungsmöglichkeit der Leistungssteigerung durch geänderte thermodynamische Randbedingungen läßt sich der Sättigungswert der maximal möglichen auskoppelbaren Laserleistung abhängig von der Änderung des Anströmzustands skalieren. Dabei wird vernachlässigt, daß die Reaktion von Kleinsignalverstärkung und Sättigungsintensität auf den thermodynamischen Zustand am Entladungseintritt als zweidimensionales Problem anzusehen ist, da ihr Verhalten immer sowohl von dem geänderten Parameter wie auch von dem Niveau der Invarianten abhängt.

Die dem thermodynamischen Zustand (2) entsprechende maximal mögliche Leistung $P^{(2)}_{max,s}$ berechnet sich näherungsweise aus der Leistung $P^{(1)}_{max,s}$ im thermodynamischen Zustand (1) bei konstanter Anströmgeschwindigkeit und einer Änderung des Anfangsdrucks p_0 vom

Druck p_0	80 mbar	120 mbar	160 mbar
Geschwindigkeit v_0			
75 m/s	122	178	240
150 m/s	258	377	500
250 m/s	311	520	706

Tabelle 6.2: **Höchstwerte der maximal möglichen Laserleistung P_{max}/W abhängig von dem gasdynamischen Zustand am Entladungseintritt**

Wert (1) auf den Wert (2)

$$\frac{P_{max,s}^{(2)}}{P_{max,s}^{(1)}} = \frac{p_0^{(2)}}{p_0^{(1)}} \tag{6.4}$$

und bei unverändertem Anfangsdruck und einer Änderung der Anströmgeschwindigkeit v_0 vom Wert (1) auf den Wert (2)

$$\frac{P_{max,s}^{(2)}}{P_{max.s}^{(1)}} = 0.9 \cdot \frac{v_0^{(2)}}{v_0^{(1)}} \, . \tag{6.5}$$

Den Näherungen liegen die Werte aus Tabelle 6.2 zugrunde. Sie sind ausschließlich korrekt für die Randbedingung gleichbleibender reduzierter Feldstärke am Entladungseintritt. Da der Ort einsetzender Inversionssättigung nicht abzuschätzen ist, wird die zum Erreichen der Maximalwerte notwendige Entladungslänge in der Skalierung nicht erfaßt. Doch läßt sich bei Kenntnis des approximierten Leistungswerts die optimale Entladungslänge experimentell bestimmen.

Generell ist bei einem System fester Länge l eine solche Kombination der Eingangsparameter Druck, Temperatur und reduzierte Feldstärke zu favorisieren, die zu einem thermodynamischen Endzustand in der Nähe der Chokinggrenze, kurz vor Erreichen der Sättigung, führt. Neben den günstigen Auswirkungen des hohen Geschwindigkeitsniveaus auf die Homogenität der Entladung lassen sich mit diesen Parametern die höchsten auskoppelbaren Leistungen erzielen. In welchem Verhältnis Anfangsdruck und Anfangsgeschwindigkeit einzustellen sind, hängt wiederum von den elektrischen Betriebsdaten ab und muß für den Einzelfall geklärt werden.

6.2　Einfluß der Feldformung

Zu den im vorausgehenden Kapitel geschilderten Untersuchungen mit einem Dielektrikum konstanter Dicke und konstanter Eingangsspannung werden, ausgehend von gleichen Werten für die reduzierte Feldstärke am Entladungseintritt, Vergleichsrechnungen vorgenommen, in denen die reduzierte Feldstärke im gesamten Entladungsbereich konstant gehalten wird. Es soll geprüft werden, welchen Einfluß eine Anstellung der Elektroden in Strömungsrichtung - dies entspricht der heute üblichen technischen Verwirklichung der theoretischen Anforderung konstanter Feldstärke durch Variation der Dielektrikumsdicke - auf die erreichbaren Laserdaten ausübt.

Die Rechnungen werden für eine gleichbleibende Eintrittsgeschwindigkeit von 150 m/s in Abhängigkeit vom Eingangsdruck durchgeführt. Augenfällig ist dabei das für beide Feldbedingungen prinzipiell unterschiedliche Verhalten der Elektronendichten, Bild 6.15, die

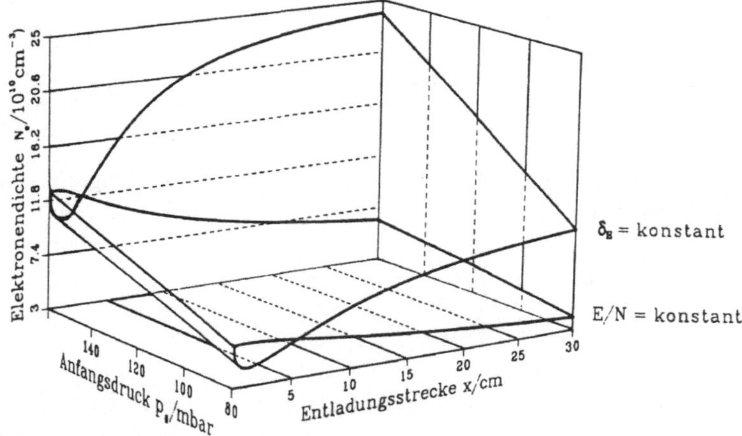

Bild 6.15: **Lokale Elektronendichten in Abhängigkeit von der Entwicklung des elektrischen Feldes bei gleichbleibender Gesamtspannung in beiden Fällen**

für den Fall variabler reduzierter Feldstärke über die Entladungsstrecke ansteigt und für den Fall fester reduzierter Feldstärke fällt. Für beide Betrachtungen ist das Verhalten von elektrischer Feldstärke und reduzierter Feldstärke in dem Diagramm 6.16 festgehalten [4].

Eine über die Entladungsstrecke konstante reduzierte Feldstärke führt im Verlauf der Einkoppelzone bei mit wachsender Temperatur und fallendem Druck abnehmender Gesamtteilchenzahl zu schnell sinkenden Werten für die Feldstärke derart, daß die Elektronendichte ebenfalls abnimmt, Bild 6.17. Ein Verringerung der Leistungsdichte ist die Folge.

---

[4]Das anfängliche Überschwingen der physikalischen Größen ist ein Randfehler der numerischen Simulation.

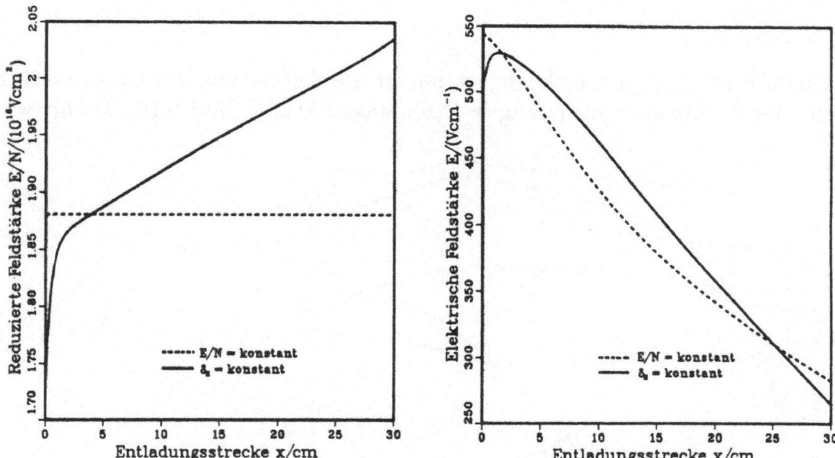

Bild 6.16: **Feldstärkenverlauf in Folge unterschiedlicher Feldformung**

Für den Fall eines Dielektrikums konstanter Dicke sinkt die Feldstärke weniger stark ab als die Gasdichte. Demzufolge steigt die reduzierte Feldstärke in Strömungsrichtung und mit ihr die Elektronendichte. Die resultierende Zunahme der im wesentlichen durch die Elektronendichte geprägte Stromdichte ist stärker als die Abnahme der Feldstärke. Dadurch steigt die Leistungsdichte an. Im Bereich hoher Drücke impliziert die Feldstärkenänderung wieder eine Reduktion der Leistungsdichte. Durch die steigende reduzierte Feldstärke werden bei gleicher Speisespannung höhere Leistungsdichten umgesetzt.

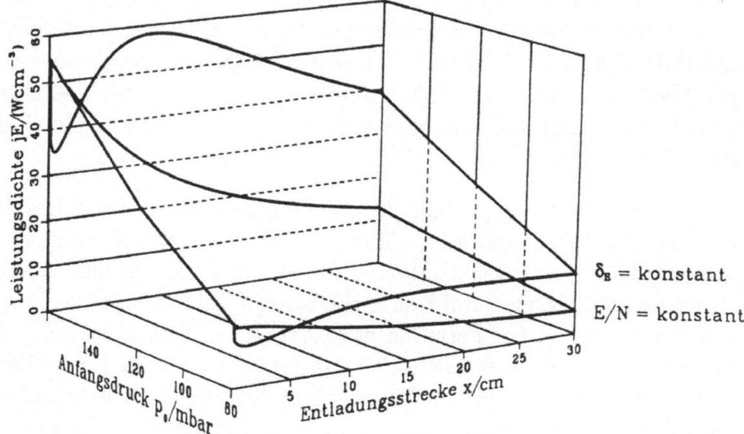

Bild 6.17: **Lokal eingekoppelte elektrische Leistungsdichte in Abhängigkeit von der Formung des elektrischen Feldes**

Bei nicht modifizierter Einkoppelkonfiguration ist die Aufheizung des Gases stärker ausgeprägt, als bei Elektrodenverkippung in Strömungsrichtung, Bild 6.18. Damit wird die

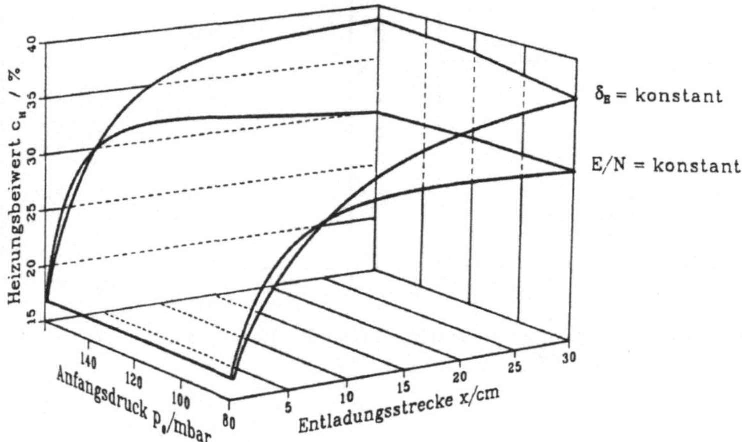

Bild 6.18: **Lokaler Heizungsbeiwert in Prozenten von der eingekoppelten elektrischen Leistungsdichte**

Größenordnung der Verlustleistung bestimmt von der Feldformung und nicht von den thermodynamischen Betriebsparametern festgelegt. Über die verstärkte Temperaturzunahme unterliegen sowohl die thermodynamischen Zustandsänderungen wie auch die laserkinetischen Vorgänge dem Einfluß der Feldformung.

Abhängig von den thermodynamischen Anfangsbedingungen übersteigt die Endtemperatur bei variabler reduzierter Feldstärke die Endtemperatur bei fester reduzierter Feldstärke bis zu dem eineinhalbfachen Wert, Bild 6.19. Vergegenwärtigt man sich, daß bei vergleichsweise niedrigen Gastemperaturen um 450 K die Verstärkung nicht mehr effizient arbeiten kann, so zeigt sich die Bedeutung einer gezielten Formung des elektrischen Feldes für eine Optimierung der Laserausgangsdaten.

Über die Effizienz der Feldformung für die Strahlerzeugungsprozesse entscheidet die Länge der Entladungsstrecke. Die Feldformung führt im Bereich langer Entladungszonen und hoher Drücke p_0, Bild 6.20, zu leicht erhöhten Werten für die maximal auskoppelbaren Leistungen, trotz der geringeren Zufuhr an elektrischer Leistung. Ein Vergleich mit Bild 6.21 zeigt, daß sich bei günstiger Formung des elektrischen Feldes bei sehr viel weniger Energiezufuhr mindestens die gleiche, je nach Wahl der thermodynamischen Parameter sogar höhere Auskoppelleistungen erzielen lassen. Diese Effekte sind wieder sehr eng an die Temperaturentwicklung im Entladungsraum gebunden und treten daher umso deutlicher hervor, je langsamer das System durchströmt wird und je höher das Druckniveau liegt. Für $v_0 = 75$ m/s und $p_0 = 160$ mbar entscheidet die Feldformung darüber, ob nach einer Ent-

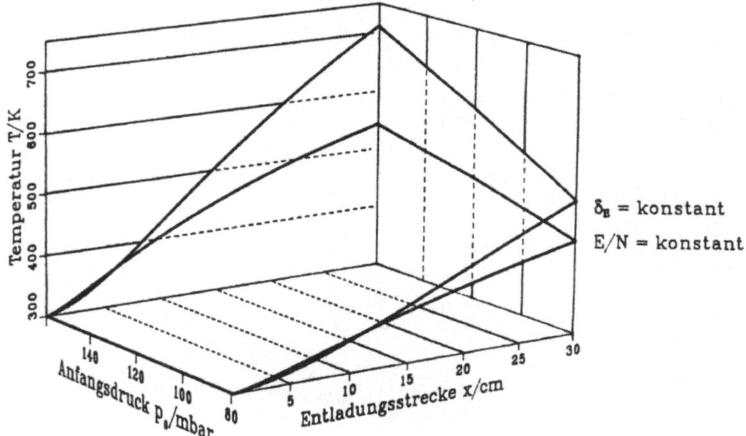

Bild 6.19: Temperaturverlauf in der Entladungsstrecke abhängig von der Entwicklung des elektrischen Feldes

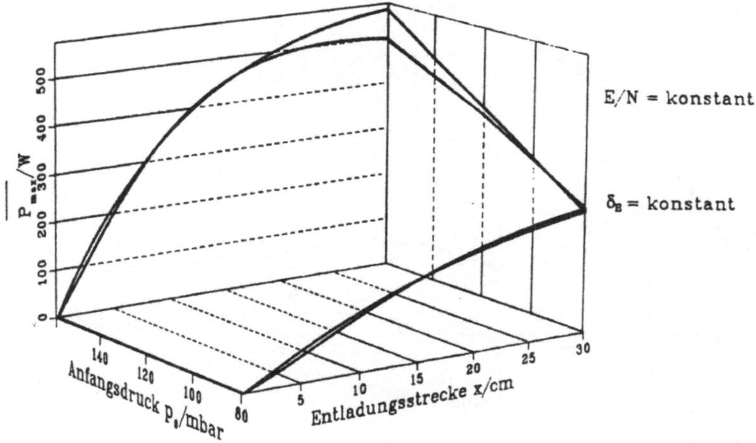

Bild 6.20: Mittlere maximal auskoppelbare Laserleistung in der Entladungsstrecke abhängig von der Formung des elektrischen Feldes

ladungsstrecke von 30 cm noch Verstärkung möglich ist, oder ob die Absorptionsprozesse überwiegen, siehe Bild 6.22.

In weiten Parameterbereichen allerdings, vor allem bei kurzen Rohren kleiner 10 cm Länge, führen beide Elektrodenkonfigurationen zu vergleichbaren Ergebnissen. Damit kann hier der erforderliche technische Aufwand für einen einstellbaren Feldstärkenverlauf entfallen. Erst bei längeren Entladungszonen liefert die Modifikation des elektrischen Feldes ein deut-

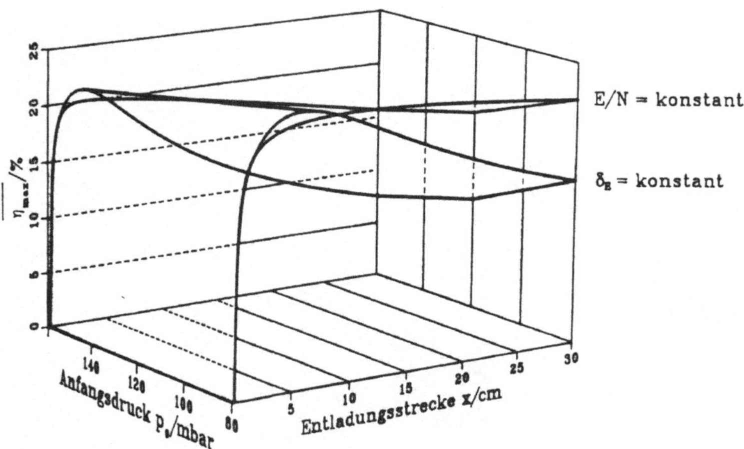

Bild 6.21: Lokal gemittelter Wirkungsgrad in der Entladungsstrecke abhängig von der Formung des elektrischen Feldes

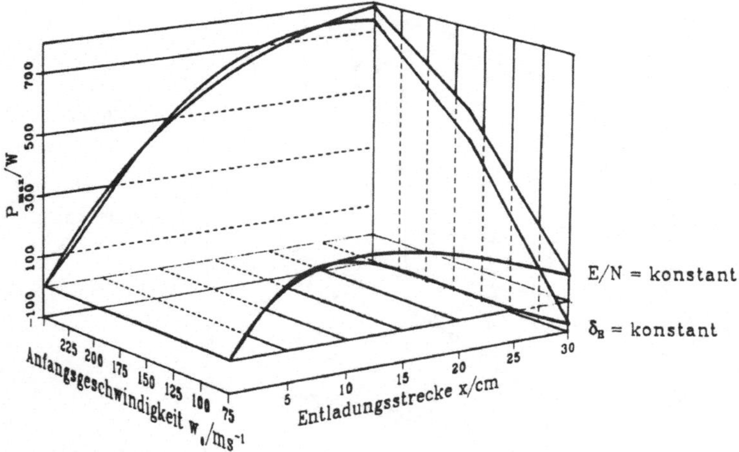

Bild 6.22: Lokale maximal auskoppelbare Laserleistung in der Entladungszone abhängig von der Formung des elektrischen Feldes

lich günstigeres Laserleistungsverhalten, so daß bei langen Entladungsstrecken eine konsequente Feldformung den konstruktiven Aufwand lohnt. Da durch das Abschwächen des Elektronendichteanstiegs in Strömungsrichtung gleichzeitig eine Stabilisierung der Glimmentladung erreicht wird, bietet eine variable Elektrodenkonfiguration ein wertvolles Werkzeug zur Erzeugung homogener Glimmentladungen. Thermische Effekte [40], [27], [104], [105], [106], die lokal der Stabilität der Entladung entgegenwirken und global auftretend die Inversion stören, entstehen in Folge der gezielten Feldformung erst bei wesentlich extremeren Parameterkombinationen oder größeren Anregungsstrecken als bei einer freien Feldstärkenentwicklung im Entladungsraum.

6.3 Vergleich von Gleichstrom- und Hochfrequenzanregung

Abschließend soll in diesem Kapitel kurz die Effizienz von Gleichstrom- und Hochfrequenzanregung aufgezeigt werden. Es werden zwei Entladungen verglichen, für die die mittleren, eingekoppelten Leistungsdichten über eine Strecke von 30 cm in der gleichen Größenordnung liegen. Dabei werden kleine Werte für die Leistungsdichten gewählt, damit sie in beiden Entladungsformen realisierbar sind. Über die Gleichstromkonfiguration wird eine mittlere Leistungsdichte von 15 W/cm^3 eingekoppelt, mittels Hochfrequenz bei 13.6 MHz eine mittlere Leistungsdichte von 11 W/cm^3. Thermodynamische und elektrische Randbedingungen wurden für beide Systeme identisch gewählt. Die reduzierte Feldstärke wird als konstant im gesamten Entladungsraum behandelt.

Beide Verfahren liefern ein nahezu identisches Verstärkungsverhalten, wie Bild 6.23 anhand der gemittelten Kleinsignalverstärkungskoeffizienten zu entnehmen ist. Ein Vergleich dieser Werte mit den Bildern 3.11 und 5.8 verdeutlicht den Einfluß unterschiedlicher thermodynamischer Anfangsbedingungen auf die Verstärkungseigenschaften des Mediums. Bei kurzen Entladungsstrecken, kleiner 10 cm, liefert die Gleichstromentladung eine geringfügig höhere Kleinsignalverstärkung, im Bereich größerer Strecken unterliegt sie der Hochfrequenz um einige Prozent.

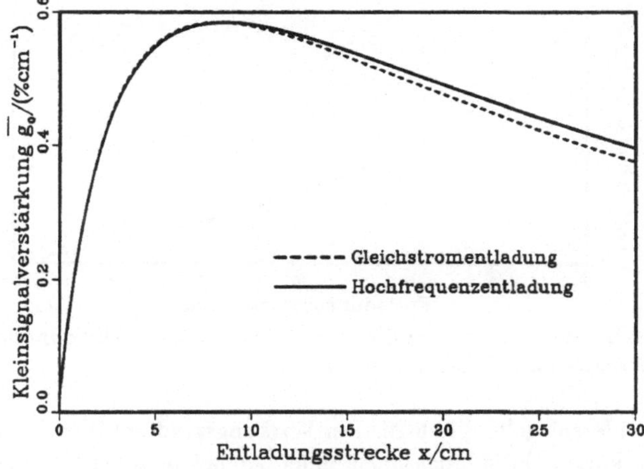

Bild 6.23: **Vergleich der gemittelten Kleinsignalverstärkungskoeffizienten für Gleichstromund Hochfrequenzanregung.**

Anders sind die Verhältnisse bei den Leistungsdaten. Hier liefert die Hochfrequenzanregung im Bereich langer Entladungsstrecken höhere Maximalleistungen, Bild 6.24, bei

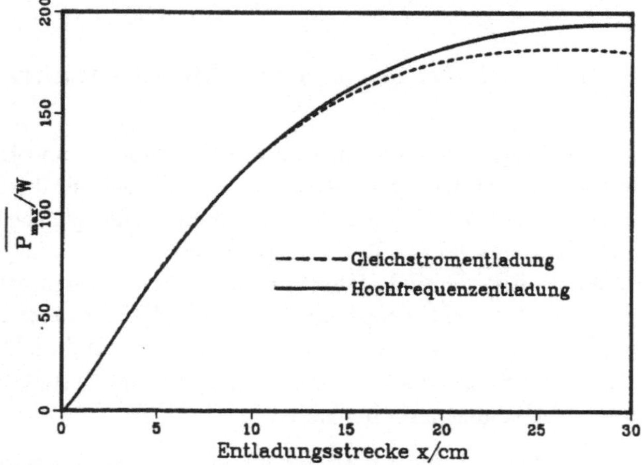

Bild 6.24: **Vergleich der Laserleistungen für Gleichstrom- und Hochfrequenzanregung**

geringerem Aufwand an elektrischer Einkopplung, Bild 6.25, was sich in einem höheren

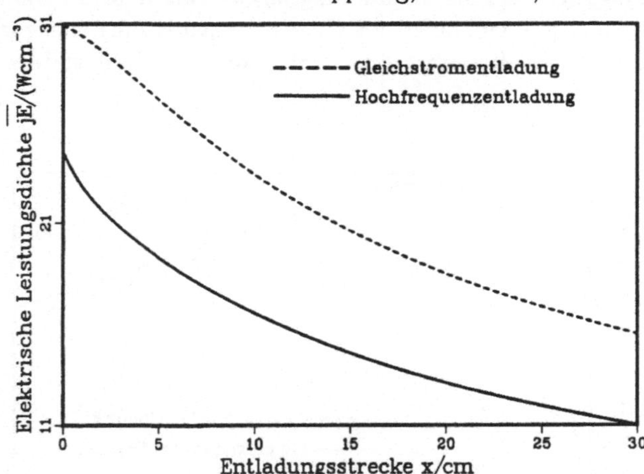

Bild 6.25: **Vergleich der lokal gemittelten elektrischen Einkoppelleistungsdichte für Gleichstrom- und Hochfrequenzanregung**

Wirkungsgrad widerspiegelt, Bild 6.26. Der Wirkungsgrad bei Hochfrequenzanregung liegt auch im Bereich kurzer Entladungszonen höher, so daß auch bei kleinen Entladungslängen die Hochfrequenz- der Gleichstromanregung überlegen ist. Die Wirkungsgradkurven zeigen eine affine Verzerrung um den Faktor 1.5 zugunsten der Hochfrequenztechnik. Damit

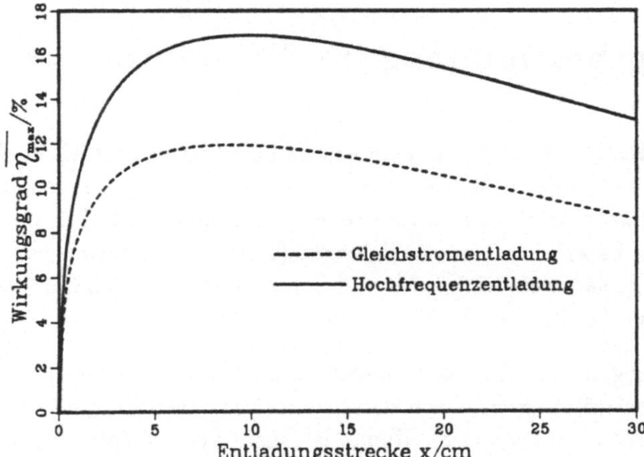

Bild 6.26: Vergleich der Wirkungsgrade für Gleichstrom- und Hochfrequenzanregung

weist diese Simulation die Hochfrequenzanregung als das effizienter arbeitende Anregungsverfahren aus.

Für den Vergleich wurden gleiche thermodynamische und elektrische Randbedingungen vorausgesetzt. Es kann daher nicht aufgezeigt werden, ob mit Gleichstromentladung unter spezifischen technischen, elektrischen und strömungsmechanischen Betriebsparametern gesetzte Ziele, wie zum Beispiel höchste Laserleistungen, nicht weniger aufwendig erreicht werden können, als dies mit der Hochfrequenztechnik unter jeder möglichen Parameterkombination der Fall wäre. Damit läßt sich keines der beiden Verfahren prinzipiell favorisieren. Wie bereits bei den bisher vorgestellten Zusammenhängen muß für den Einzelfall entschieden werden, welche Anregungstechnik zu wählen ist. Dabei spielen selbstverständlich zusätzliche Entscheidungskriterien wie Kosten, konstruktiver Aufwand und Stabilitätsverhalten der jeweiligen Entladungsform eine Rolle.

7 Leistungsbestimmung im Strömungslaser

Zur rechnerischen Bestimmung der ausgekoppelten Laserleistung stehen zwei Möglichkeiten zur Verfügung. Davon ist die sicherste, aber auch aufwendigste Methode die Simulation der Vorgänge im Oszillatorbetrieb. Die einfachste Abschätzung erfolgt über die Berechnung der maximal möglichen Laserleistung nach Gleichung (2.20). Bei Kenntnis von Kleinsignalverstärkungskoeffizient, Sättigungsintensität und Spiegeldaten läßt sich die Auskoppelleistung aus den Näherungen (2.32) und (2.33) bestimmen.

Wie in den vorangegangenen Kapiteln dargelegt, sind Verstärkungskoeffizient und Sättigungsintensität im Strömungslaser von den lokalen Prozessen im Medium beeinflußt und zeigen eine starke Ortsabhängigkeit. Damit ist auch die Ortsabhängigkeit der maximal möglichen Leistungsdichte festgelegt. Bevor die so gewonnenen Leistungsdaten als Anhaltswerte für die Auslegung von längsgeströmten Lasern herangezogen werden können, muß geprüft werden, ob die am idealen homogenen Medium abgeleiteten Grenzwertbetrachtungen auf durchströmte Systeme übertragbar sind und wie die tatsächlich ausgekoppelte Laserleistung von der Länge der Resonatorstrecke abhängt.

Zur Klärung dieser Zusammenhänge wird zunächst die Ableitung der maximal möglichen Leistungsdichte für das unendlich ausgedehnte, ruhende Medium vorgestellt und ihre Übertragung auf Vorgänge in durchströmten Systemen dargelegt, Kapitel 7.1. Um eine mögliche Ortsabhängigkeit der ausgekoppelten Laserleistung P_a festzustellen, werden die Eigenschaften des Strahlungsfeldes bei drei unterschiedlichen Spiegelabständen berechnet, Kapitel 7.2. Die Ergebnisse werden zur Beurteilung der aus den Verstärkungseigenschaften des Mediums berechneten maximalen Laserleistungen P_{max} herangezogen. Auf der Grundlage dieser Untersuchungen erfolgt die Diskussion der verschiedenen Betrachtungsweisen und die Überprüfung ihrer Anwendbarkeit auf längsgeströmte CO_2-Laser in Kapitel 7.3.

Der Simulation liegen die in Kapitel 5.2.3 beschriebene Konfiguration und die gasdynamischen Anfangsdaten $v_0 = 90$ m/s, $p_0 = 100$ mbar und $T_0 = 300$ K zugrunde. Die Gemischkomponenten $He{:}N_2{:}CO_2$ verhalten sich wie 16:4:1. Die über die gesamte Entladungsstrecke eingekoppelte elektrische Leistung beträgt 4 kW. Die Anregungsfrequenz liegt bei 13.6 MHz.

7.1 Maximal mögliche Laserleistung im strömenden Medium

Um die auskoppelbare Laserleistung eines Systems aus den Mediumseigenschaften Sättigungsintensität und Kleinsignalverstärkungskoeffizient abzuleiten, wird für die Intensitätsentwicklung entlang der optischen Achse

$$\frac{dI_c}{dx} = gI_c = \frac{g_0}{1 + \frac{I_c}{I_s}} I_c \tag{7.1}$$

der Grenzfall eines starken Strahlungsfeldes mit einer Intensität viel größer als die Sättigungsintensität untersucht [27]. Beiträge aus spontaner Emission und Verluste im Medium bleiben unberücksichtigt. Mit der Bedingung $I_c \gg I_s$ reduziert sich Gleichung (7.1) zu

$$\frac{dI_c}{dx} = g_0 I_s \; . \tag{7.2}$$

In dieser Formulierung ist der Zusammenhang zwischen der Intensitätszunahme innerhalb der Strecke dx und der dem Volumenelement dV = Adx in Form von Strahlung entzogenen Leistungsdichte erfaßt. Wegen der Grenzfallbetrachtung $I_c \gg I_s$ ist diese Leistungsdichte als die maximal mögliche optische Leistungsdichte anzusehen [27]. Für die aus dem Gesamtsystem des Volumens V = Ax maximal auskoppelbare Laserleistung ergibt sich demzufolge $P_{max} = g_0 I_s V$. Diese näherungsweise Ableitung gilt unter der Annahme des idealen, unendlich ausgedehnten und ruhenden Mediums mit konstanten Werten für Sättigungsintensität und Kleinsignalverstärkungskoeffizient.

Diese Voraussetzungen sind im Strömungslaser in hohem Maße nicht erfüllt, siehe Bild 3.14. Unter dem Einfluß des kontinuierlich sich verändernden gasdynamischen Zustands ändern sich die kinetischen Größen in Strömungsrichtung. Um dennoch die maximal mögliche Laserleistung in durchströmten Systemen zu berechnen, sind formal zwei Ansätze möglich.

Zum einen läßt sich die maximal mögliche Leistung für ein System der beliebigen Länge $l_A = x = n \cdot \Delta x$

$$P_1(l_A = x) = \sum_n g_0(x_i) I_s(x_i) A \Delta x \tag{7.3}$$

durch Summation über die den Teilvolumina $\Delta V = A\Delta x$, mit $V = \sum \Delta V$, entzogene optische Leistung berechnen. Innerhalb eines Volumenelements ΔV werden Kleinsignalverstärkungskoeffizient und Sättigungsintensität als konstant angesehen [7]. Der Leistungsverlauf ist in Bild 7.1 dargestellt.

In einer anderen Annäherung an die Voraussetzung eines idealen Mediums wird für einen zweiten Ansatz auf die Mittelwerte der beteiligten Größen für die betrachtete Strecke der Länge x zurückgegriffen. Daraus errechnet sich die Leistung

$$P_2(l_A = x) = \bar{g}_0(l_A = x) \bar{I}_s(l_A = x) A x \; , \tag{7.4}$$

die in Bild 7.1 als fett gedruckte Kurve gezeigt ist.

Die Leistungskurven unterscheiden sich in Ortsabhängigkeit und Größenordnung. Die unterschiedliche Größenordnung wird besonders deutlich beim Vergleich der Wirkungsgrade,

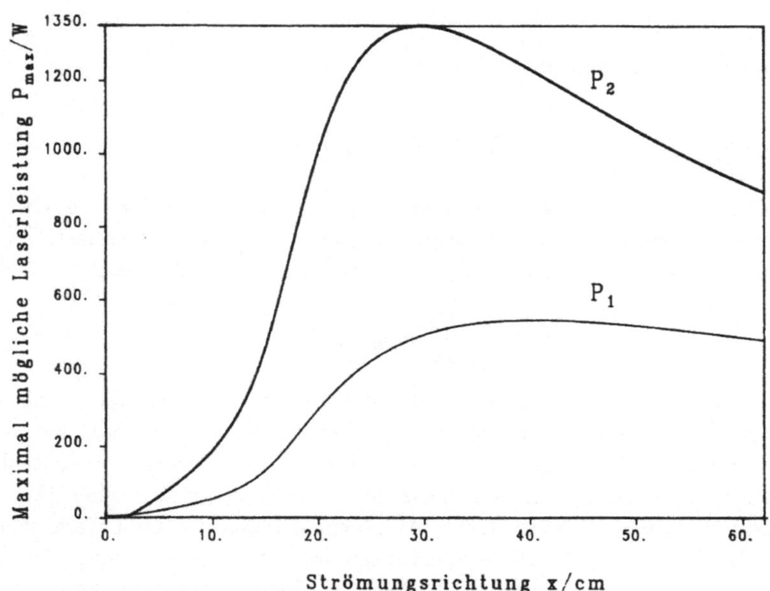

Bild 7.1: Verlauf der maximal möglichen Laserleistung abhängig von der Übertragungsart für strömende Medien

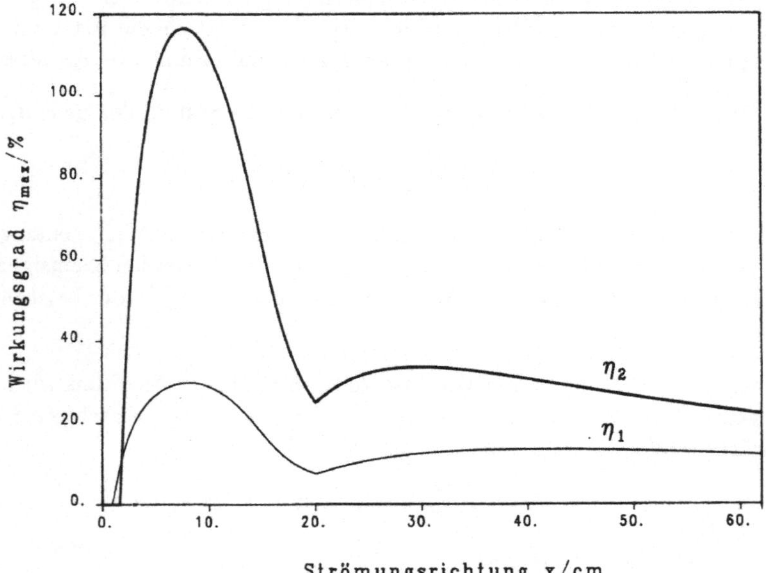

Bild 7.2: Verlauf der Wirkungsgrade abhängig von dem Berechnungsverfahren

die die Leistungen P_1, P_2 zur eingekoppelten elektrischen Leistung ins Verhältnis setzen,
Bild 7.2, wobei sich die fettgedruckte Kurve wieder auf das zweite Verfahren bezieht. Die
nach Gleichung 7.3 errechneten Werte führen zu Wirkungsgraden, die in der Größenordnung des Laserwirkungsgrades liegen. Der Zusammenhang

$$\eta_{max}^{korrekt} = \frac{\eta_L}{\eta_R} > \eta_L \tag{7.5}$$

zeigt, daß die berechnete Leistung P_1 nicht der maximal möglichen Leistung entsprechen
kann, sondern eher einen direkten Schätzwert für die ausgekoppelte Laserleistung bietet.
Der Wirkungsgrad der Laserleistung P_2 hingegen weist im vorderen Strömungsabschnitt
unrealistische Werte größer als 100 % auf [7]. Tatsächlich muß aber gelten:

$$\eta_{max}^{korrekt} \leq \eta_P \eta_Q . \tag{7.6}$$

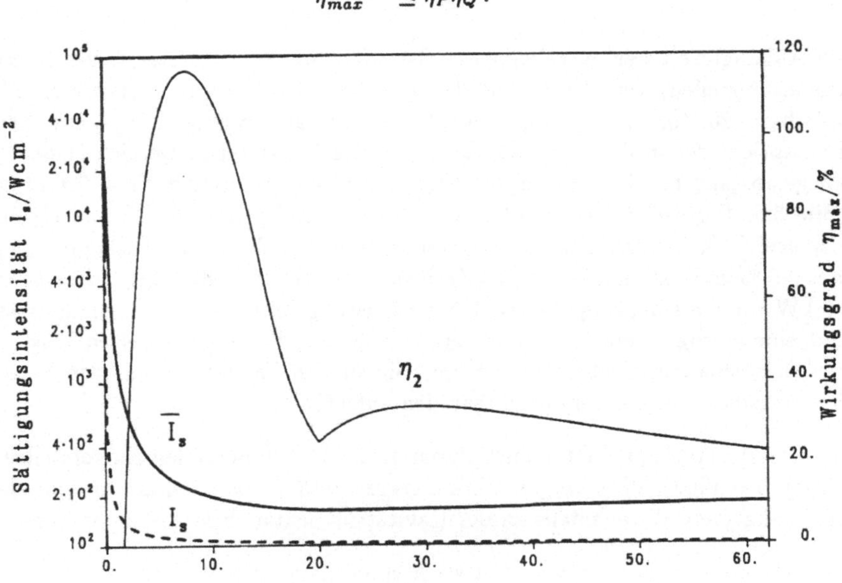

Bild 7.3: **Zusammenhang zwischen Wirkungsgrad und Sättigungsintensität**

Die Ursache für diese Abnormitäten bei der Leistungsbestimmung liegt in dem für durchströmte Systeme typischen sehr hohen Wert der Sättigungsintensität am Entladungseintritt, der als Anlaufverhalten interpretierbar ist und im idealen Medium keine Entsprechung
findet. Im vorderen Entladungsbereich kann selbst die Forderung nach einer Konstanz der
Sättigungsintensität über die kleine Teilstrecke dx nicht erfüllt werden. Auch der Betrag
der mittleren Sättigungsintensität wird im vorderen Entladungsbereich durch den Anfangswert bestimmt. Die Leistungsabschätzungen über die Berechnung der maximal möglichen
Laserleistung sind bei starken Gradienten von I_s nicht erlaubt.

Anders verhält es sich, wenn in einem System der 'Plateaubereich' der mittleren Sättigungsintensität erreicht ist, siehe Bild 7.3. Für die betrachtete Kombination von Betriebsparametern ist dies erst ab dem Ende der Entladungsstrecke der Fall. In diesem Gebiet erreicht die Leistung P_2 die Größenordnung einer maximal auskoppelbaren Leistung. Hier ist die Forderung

$$\eta_P \eta_Q \geq \eta_{max} = \frac{\eta_R}{\eta_L} > \eta_L \tag{7.7}$$

für die Werte nach der zweiten Berechnungsmethode erfüllt.

7.2 Ausgekoppelte Laserleistung und Länge des laseraktiven Bereichs

Um die Abhängigkeit der ausgekoppelten Laserleistung von der Länge des laseraktiven Bereichs festzustellen, wird der Einfluß des Strahlungsfeldes für drei verschiedene Spiegelabstände $l_M = 20, 40, 62$ cm bei gleichbleibender Entladungslänge $l = 20$ cm untersucht. Dabei entspricht der in der Rechnung berücksichtigte laseraktive Bereich l_A dem jeweiligen Spiegelabstand l_M. Die Spiegel befinden sich in den Positionen $x_1 = 0$ und $x_2 = l_M$, siehe Bild 5.6. Die Reflexionsgrade betragen für den Endspiegel 99.3 % und für den Auskoppelspiegel 93 % bei geschätzten Verlusten in Höhe von 0.5 % am Auskoppelspiegel und ebenfalls 0.5 % im Medium. Wegen des Rechenaufwands zur Auffindung des exakten Werts $P_I = 4$ kW für die eingekoppelte elektrische Leistung innerhalb der Entladungsstrecke l wird auf eine strenge Iteration verzichtet, so daß sich die eingekoppelten Leistungen in den drei Beispielfällen leicht unterscheiden. Sie sind in Tabelle 7.1 mit den berechneten Laserleistungsdaten und Laserwirkungsgraden aufgeführt.

Zwar werden die Auskoppeldaten auch durch die leicht differierenden Einkoppelleistungen geringfügig beeinflußt, doch zeigen Wirkungsgrad und Auskoppelleistung eine deutliche Längenabhängigkeit, die ebenfalls an der Kavitätsintensität, Bild 7.4, zu erkennen ist.

Dabei überlagern sich zwei Effekte. Mit wachsender Länge des Mediums sinkt der Schwellwert der Besetzungsinversion für das Anschwingen, gleichzeitig aber gewinnen Absorptionsvorgänge stärkeren Einfluß auf die laseraktiven Prozesse. Entsprechend der aktuellen Randbedingungen wird eine effiziente Energieumsetzung für eine Länge bis etwa $x = 25$ cm erzielt, siehe Bild 7.5. Bei nahezu identischem Verlauf der Verstärkung liefert dasjenige System die höchste Auskoppelleistung, bei dem die Spiegelposition x_2 bei erreichtem Verstärkungsmaximum dem Ort seines Auftretens am nächsten kommt. Die optimale Länge l_A entspricht der Strecke bis zum Erreichen des maximalen Verstärkungsfaktors. Dahinter treten zunehmend Absorptionsvorgänge auf, Bild 7.6, die die Kavitätsintensität im gesamten Resonator herabsetzen. Die Vergrößerung der Resonatorlänge von 40 cm auf 62 cm führt als Folge der Absorptionsprozesse zu einer um 90 W/cm^2 geringeren Kavitätsintensität, siehe Bild 7.4. Die Intensität bei einer Resonatorlänge $l_A = 40$ cm beträgt

$l_A = l_M$	P_I	I_c	P_a	η_L	P_{max}	η_a
cm	W	$\frac{W}{cm^2}$	W	%	W	%
20	4205	555	390	9	1006	39
40	3637	825	583	16	1230	47
62	4081	735	515	13	893	57

Tabelle 7.1: **Leistungen und Laserwirkungsgrade bei unterschiedlichen Systemlängen**

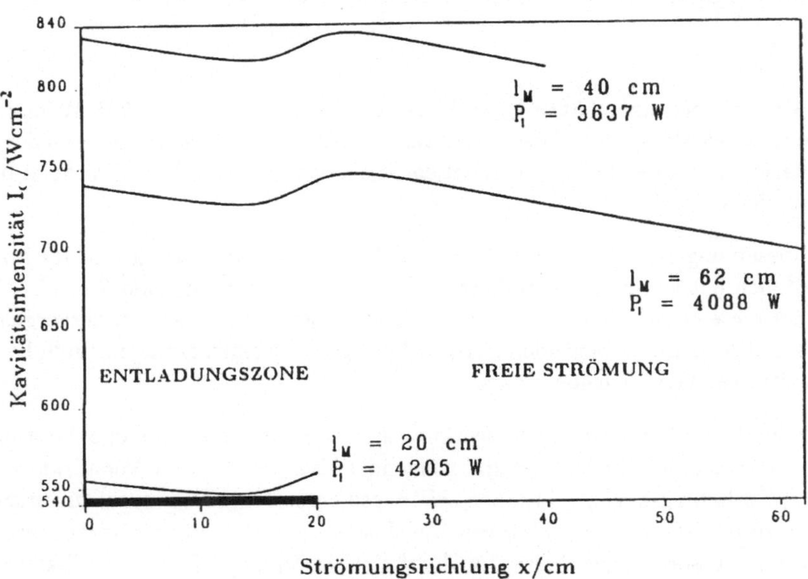

Bild 7.4: **Kavitätsintensität für verschiedene Systemlängen**

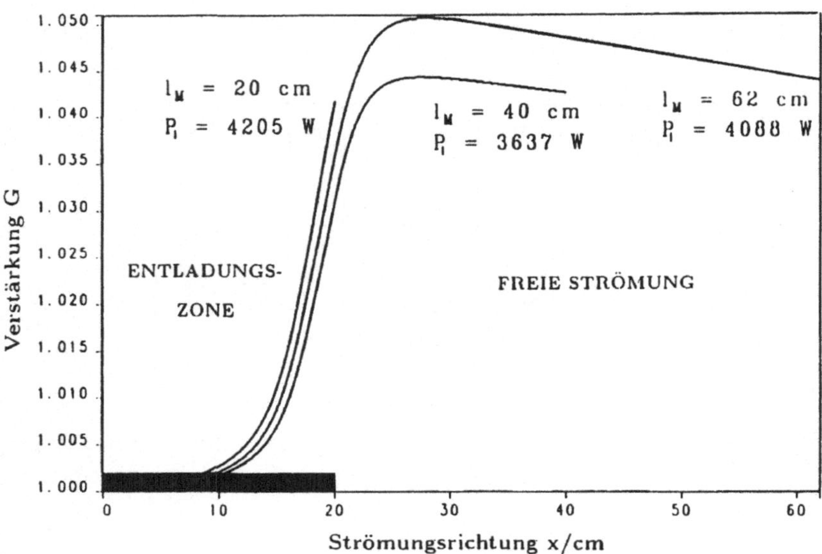

Bild 7.5: **Verlauf des Verstärkungsfaktors bei verschiedenen Systemlängen**

$I_c \approx 825$ W/cm^2, bei einer Länge $l_A = 62$ cm sind es nur noch $I_c \approx 735$ W/cm^2. Entspricht die Resonatorlänge der Länge der Entladungsstrecke, so wird nur ein Teil der möglichen Verstärkung ausgeschöpft. Die erzielten Auskoppeldaten sind entsprechend niedrig, $I_c(20\text{cm}) \approx 555$ W/cm^2.

Die Gleichbesetzung von unterem und oberem Laserniveau tritt aufgrund des im Resonator zusätzlich aktiven Strahlungsübergangs sehr viel früher auf, Bild 7.6, als dies aus den Verstärkungseigenschaften des Mediums, Bild 5.7 gepunktete Kurve, hervorgeht. Der Spiegelabstand zeigt im vorliegenden Beispiel hingegen nur einen geringen Einfluß auf den Ort des Auftretens von Gleichbesetzung.

Wie schon durch den Vergleich der Auswirkungen unterschiedlicher Einkoppelleistungen in Bild 5.7 zu sehen ist, verschieben sich mit steigender Energiezufuhr die Verstärkungsprofile in Richtung Entladungsbeginn. Erhöhte Leistungsdichten führen bei sonst unveränderten Parametern zu schnellerem Auftreten von Gleichbesetzung in den Laserniveaus und damit zu verstärktem Absorptionsverhalten in der freien Strömung. Für eine effektive Energieumsetzung in der Strahlquelle muß daher für jedes konkrete System das Verhältnis von optischer Länge zur Länge des verstärkenden Bereichs optimiert werden.

Das aus der Betrachtung der Verstärkungseigenschaften des Mediums bekannte ortsabhängige Verhalten der Leistungsdaten ist ebenfalls, wenn auch in geänderter Form bei Anwesenheit eines Strahlungsfeldes festzustellen. Für das gewählte Beispiel lassen sich durch günsti-

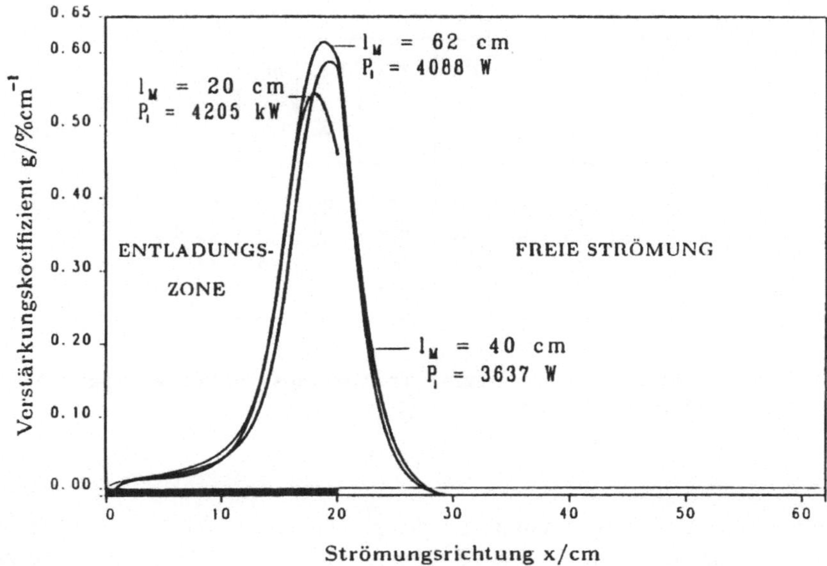

Bild 7.6: Verlauf der lokalen Verstärkungskoeffizienten bei verschiedenen Systemlängen

ge Wahl des Spiegelabstandes Leistungssteigerungen um 30 % nachweisen, siehe Tabelle 7.1. Die optimalen Längen des laseraktiven Bereichs sind nicht identisch für Verstärker- und Oszillatorbetrieb, doch liefert der Ort des höchsten Kleinsignalverstärkungsfaktors einen Anhaltswert für die maximale Systemlänge, bei der noch hohe Auskoppelleistungen zu erwarten sind.

Damit existieren für den längsgeströmten CO_2-Laser vom Verstärkungsprofil abhängige optimale Längen für die Resonatorstrecken. Bei Abweichungen von diesen Längen arbeitet das System ineffizient.

7.3 Zuordnung der unterschiedlichen Leistungsdaten

Um den Zusammenhang zwischen den in den vorausgegangenen Unterkapiteln ermittelten Leistungswerten zu beurteilen, werden die Gleichungen (2.32) bis (2.34) herangezogen. Die Mittelwerte von Kleinsignalverstärkungskoeffizient und Sättigungsintensität liefern für das vorgestellte System die in Tabelle 7.2 aufgeführten Leistungsdaten abhängig von der Länge des laseraktiven Mediums. Das Näherungsverfahren nach der ersten Methode liefert Maximalleistungen von der Größe der experimentell belegten Werte der Auskoppelleistungen und wird daher nicht weiter verfolgt. Der Leistungswert ist ebenfalls in Tabelle 7.2 aufgeführt.

$l_a = l_M$	P_I	P_1	P_2	P_{s_2}	η_{L_2}	η_{R_2}
cm	W	W	W	W	%	%
20	4000	305	1030	381	10	37
40	4000	538	1263	652	16	52
62	4000	482	902	487	12	54

Tabelle 7.2: **Leistungsdaten und Wirkungsgrade ermittelt aus den Verstärkungseigenschaften des laseraktiven Mediums**

Die Simulation des Oszillatorverhaltens für das gleiche System führt zu den Ergebnissen in Tabelle 7.1. Hier zeigen das zweite Näherungsverfahren und die Simulationsrechnung eine gute Übereinstimmung in den Ergebnissen. Nennenswerte Abweichungen bei den drei untersuchten Längen treten nur für 40 cm Länge des laseraktiven Mediums auf. Dabei ist aber festzustellen, daß hier auch die Einkoppelleistung für die Simulation des Oszillationsverhaltens am stärksten von dem Nennwert 4 kW abweicht.

Der Höchstwert der maximal möglichen Laserleistung nach der zweiten Näherungsmethode beträgt 1350 W. Er wird nach einem Strömungsabschnitt von 30 cm erreicht und liegt damit zwischen dem Ort des maximalen Verstärkungskoeffizienten und dem Ort, an dem die Besetzungsinversion vollständig abgebaut ist. Dieser Extremwert stellt, unabhängig vom Ort seines Auftretens, eine Beurteilungsmöglichkeit für den Vergleich der Leistungspotentiale unterschiedlicher laseraktiver Medien dar.

Die tatsächlich ausgekoppelte Laserleistung ist, wie im vorangegangenen Unterkapitel gezeigt, von der konkreten Länge des laseraktiven Bereichs und der gewählten Resonatorkonfiguration abhängig. Daher erscheint es zunächst sinnvoll, bei der Leistungsabschätzung aus den Verstärkungseigenschaften des Mediums auf solche Werte zurückzugreifen, die nach der zweiten Näherungsmethode bei der tatsächlichen Systemlänge gewonnen werden. Da bei diesem Verfahren jedoch Wirkungsgrade größer 100 % im vorderen Strömungsabschnitt erreicht werden, kann auch die Leistungsberechnung aus dem Produkt der über die gesamt betrachtete Strecke gemittelten Werte von Kleinsignalverstärkungskoeffizient und Sättigungsintensität nicht generell als zulässiges Näherungsverfahren favorisiert werden.

Die Resultate dieser Untersuchungen stellen ein Heranziehen der Verstärkungseigenschaften des laseraktiven Mediums zur schnellen Abschätzung der tatsächlich ausgekoppelten Laserleistung nach den beiden vorgestellten Verfahren für durchströmte Systeme in Frage. Findet die Näherung dennoch Anwendung, so muß eine Einschränkung auf solche

Systemlängen berücksichtigt werden, für die die Ortsabhängigkeit der Sättigungsintensität in guter Näherung vernachlässigbar ist.

Für eine zuverlässige Bestimmung der Auskoppelleistung ist daher weiterhin die Simulation der laseraktiven Prozesse in Anwesenheit des Strahlungsfeldes heranzuziehen. Ein exaktes Vorgehen verlangt dabei zusätzlich die Berücksichtigung der Vorgänge in dem zur optischen Achse parallelen Strömungsgebiet vor der Entladungsstrecke.

8 Zusammenfassung

Mit dem vorgestellten Simulationsmodell wird eine vollständige Beschreibung der Energie-transferprozesse im längsgeströmten CO_2-Laser erreicht. Ihre Stärken liegen in der ortsaufgelösten Behandlung der laseraktiven Prozesse und, abgesehen von einigen halbempirischen Größen, in der Reduktion der Vorgabedaten auf direkt am System einstellbare Parameter. Die lokalen Wechselwirkungen von elektrophysikalischen, gasdynamischen und kinetischen Vorgängen im laseraktiven Medium sind in dem eindimensionalen Modell erfaßt und in Vergleichsrechnungen zu experimentellen Untersuchungen verifiziert. Das Modell erlaubt die detaillierte Betrachtung von Teilaspekten aus der Entladungsphysik, der Gasdynamik und der Laserkinetik ebenso wie die Simulation des gesamten Verstärkungs- und Oszillationsvorgangs im Laserresonator.

Modellrechnungen, zugeschnitten auf ein konkretes Projektvorhaben, ersetzen kostspielige Vorversuche. Neben den qualitativ vergleichenden Darstellungen lassen sich Kontrollbereiche von Betriebsparametern erfassen und in absolute Leistungsdaten umwandeln. Die von der Simulationsrechnung gelieferten konkreten Zahlen bieten durch die vollständige Ortsauflösung der wechselwirkenden physikalischen Vorgänge große Realitätsnähe und werden durch experimentelle Ergebnisse bestätigt.

Vereinfachte Rechenverfahren, die von konstanten mittleren Werten für die Entladungsdaten ausgehen, simulieren Entladungszustände, wie sie nur in unselbständigen Entladungen erreicht werden können. Da die Entladungseigenschaften über die Anregungsprozesse die laserkinetischen Vorgänge initiieren, müssen sie ebenso wie der aktuelle gasdynamische Zustand des Mediums lokal erfaßt und in die Berechnung der Laserkinetik aufgenommen werden. Daher ist die vollständig ortsaufgelöste Betrachtung der physikalischen Zusammenhänge zwingend für die korrekte Simulation der laseraktiven Vorgänge im längsgeströmten CO_2-Laser.

Die theoretische Untersuchung des laseraktiven Mediums konnte nachweisen, daß sich die höchsten auskoppelbaren Leistungen erzielen lassen, wenn die Resonatoreintrittsbedingungen für Druck, Geschwindigkeit und reduzierte Feldstärke so kombiniert sind, daß am Ende der Entladungsstrecke nahezu Schallgeschwindigkeit vorliegt. Als zusätzliche Randbedingung kann eine Resonatorendtemperatur von 450 Kelvin eingeführt werden. Da bei Temperaturen oberhalb dieses Wertes nachweislich Sättigungsverhalten einsetzt, wird das laseraktive Medium unter den angegebenen Randbedingungen im gesamten Entladungsbereich optimal genutzt.

Die Extraktion allgemeingültiger Gesetzmäßigkeiten zur Leistungsabschätzung hat sich für den längsgeströmten CO_2-Laser als schwierig erwiesen. Für veränderte thermodynamische Randbedingungen ändern sich die entladungsphysikalischen Zusammenhänge, so daß die Abhängigkeit der Laserleistungsdaten von den Betriebsparametern nur unter starken

Einschränkungen extrapoliert werden kann. Daneben erweist sich das Sättigungsverhalten des laseraktiven Mediums als weitere Schwierigkeit bei der Anwendung von Skalierungsgesetzen. Wegen des komplexen Zusammenspiels der verschiedenen Betriebsgrößen kann ein zuverlässiges Ergebnis für die Laserleistungsdaten nur durch ihre Berechnung in der Simulation erreicht werden. Jede Form der Extrapolation muß wegen der notwendigen Vernachlässigungen von inhärenten Abhängigkeiten und der Unkenntnis des aktuellen Sättigungsverhaltens zu groben Näherungen, wenn nicht sogar zu Werten außerhalb des Laserbetriebsbereichs, führen.

Durch die Formung des elektrischen Feldes in Strömungsrichtung lassen sich immer dann die maximalen Leistungswerte steigern, wenn ein nicht modifizierter Feldstärkenverlauf zu Inversionssättigung in der Entladung führt. Bei Hochfrequenzanregung liegt die Leistungssteigerung im Mittel bei 15 %, obwohl dabei nur etwa die Hälfte an elektrischer Leistung eingekoppelt wird. Dies entspricht einer Effizienzsteigerung von 50 - 100 % durch die Realisierung einer konstanten reduzierten Feldstärke in Strömungsrichtung. Dieser Effekt ist auf das Verhindern bzw. das Hinauszögern der Sättigungseffekte und damit auf das Senken des Temperaturniveaus in der Kavität zurückzuführen. Da die bei diesem Beispiel gewählte konstante reduzierte Feldstärke in der Entladungsstrecke nicht die optimale Feldverteilung in Strömungsrichtung liefern muß, bietet die Feldformung einen weiten Bereich für Optimierungsvorhaben.

Der Vergleich zwischen Gleichstrom- und Hochfrequenzentladung plädiert beim Zugrundelegen gleicher Randbedingungen eindeutig für den Einsatz der Hochfrequenzentladung als die effizientere Anregungstechnik für den Kohlendioxidlaser.

Die Betrachtung des gesamten laseraktiven Bereichs, für den die Strömungsachse des laseraktiven Mediums und die optische Achse parallel verlaufen, zeigt, daß für kleine elektrische Leistungsdichten die Verstärkung ihre maximalen Werte im Bereich stromab der Entladung erreicht. Bei größeren Leistungsdichten gewinnen dort die Absorptionsprozesse an Einfluß. Damit können im Resonator von längsgeströmten CO_2-Lasern definierte Längenverhältnisse für eine optimale Leistungsausbeute festgestellt werden. Abweichungen von diesen durch das Verstärkungsprofil vorgegebenen Längen sind mit empfindlichen Leistungseinbußen verbunden. Zur Konzeption effizient arbeitender, kompakter Lasersysteme müssen Einkoppelleistungen und Entladungsgeometrie für jedes System abgestimmt werden. Dabei ist jede Kombination der laseraktiven Teilbereiche Entladungsstrecke und freie Strömung als eine konkrete Konfiguration zu behandeln.

Da die Sättigungsintensität in durchströmten Systemen eine starke Ortsabhängigkeit aufweist, ist eine zuverlässige Leistungsabschätzung aus den Verstärkungseigenschaften des Mediums nicht möglich.

Mit seiner detaillierten Beschreibung der laseraktiven Vorgänge und seinen vielfältigen Einsatzmöglichkeiten liefert das vorgestellte Simulationsmodell einen wertvollen Beitrag für das Verständnis der physikalischen Vorgänge in der Strahlquelle. Gleichzeitig stellt es ein hilfreiches Instrumentarium für die CO_2-Laserentwicklung dar. Im Zusammenwirken mit Computermodellen zur Darstellung der Strahlpropagation wird eine vollständige theoretische Beschreibung der Laserstrahlung über die Verknüpfung der optischen Gesetze mit den Energietransferprozessen erreicht.

Literatur

[1] U. Mohr. GESCHWINDIGKEITSBESTIMMENDE STRAHLEIGENSCHAFTEN UND EIN-
KOPPELMECHANISMEN BEIM CO_2-LASERSCHNEIDEN VON METALLEN. *Universität
Stuttgart*, 1992. Dissertation.

[2] F. Holstein. ENERGY DISTRIBUTION OF ELECTRONS IN HIGH FREQUENCY GAS
DISCHARGES. *Physical Review*, 70(5+6), 1946.

[3] Sh.I. Pai. INTRODUCTION TO THE THEORY OF COMPRESSIBLE FLOW. D. VanNo-
strand Company, Toronto, 1959.

[4] S. Krause. ZUR EINDIMENSIONALEN, REIBUNGSFREIEN, KOMPRESSIBLEN GAS-
STRÖMUNG MIT AUFHEIZUNG UND QUERSCHNITTSÄNDERUNG BEI BESONDERER
BERÜCKSICHTIGUNG DES SCHALLDURCHGANGS. *Deutsche Forschungs- und Ver-
suchsanstalt für Luft- und Raumfahrttechnik, Stuttgart*, (Forschungsbericht Nr. 67-
02), 1967.

[5] R. Wester. HOCHFREQUENZGASENTLADUNGEN ZUR ANREGUNG VON CO_2-
LASERN. *RWTU Aachen*, 1987. Dissertation.

[6] E. Armandillo und A.S. Kaye. MODELLING OF TRANSVERSE-FLOW CW CO_2-
LASERS: THEORY AND EXPERIMENT. *Journal of Physics D: Applied Physics*, 13,
S. 321, 1980.

[7] E. Holetzke. THEORETISCHE MODELLUNTERSUCHUNGEN IN LÄNGSGESTRÖMTEN
CO_2 LASERN MIT HOCHFREQUENZANREGUNG. *DFVLR*, (Bericht Nr. 441-003-85),
1985.

[8] W. Viöl. HOCHLEISTUNGS-CO_2-LASERPULSE HOHER REPETITIONSFREQUENZ ZUR
ERZEUGUNG OPTISCHER ENTLADUNGEN. *Universität Düsseldorf*, 1988. Dissertation.

[9] W.J. Wiegand und W.L. Nighan. PLASMA CHEMISTRY OF CO_2-N_2-HE DISCHAR-
GES. *Applied Physics Letters*, 22(11), 1973.

[10] W.L. Nighan. STABILITY OF HIGH POWER MOLECULAR LASER DISCHARGES,
GASEOUS ELECTRONICS OF LASERS. *M.I.T. Press Cambridge Mass.*, 1975.

[11] W.L. Nighan. CAUSES OF THERMAL INSTABILITY IN EXTERNALLY SUSTAINED
MOLECULAR DISCHARGES. *Physical Review A*, 15(4), S. 1701, 1977.

[12] W.J. Wiegand und W.L. Nighan. INFLUENCE OF FLUID-DYNAMIC PHENOMENA ON
THE OCCURRENCE OF CONSTRICTION IN CW CONVECTION LASER DISCHARGES.
Applied Physics Letters, 26(10), S. 554, 1975.

[13] W.L. Nighan und Wiegand,W.J. INFLUENCE OF NEGATIVE-ION PROCESSES ON STEADY-STATE PROPERTIES AND STRIATIONS IN MOLECULAR GAS DISCHARGES. *Physical Review A*, 10(3), S. 922, 1974.

[14] W.L. Nighan. INFLUENCE OF RECOMBINATION AND ION CHEMISTRY ON THE STABILITY OF EXTERNALLY SUSTAINED MOLECULAR DISCHARGES. *Physical Review A*, 16(3), S. 1209, 1977.

[15] Thomson R.M., Smith K., und Davies A.R. BOLTZ: A CODE TO SOLVE THE TRANSPORT EQUATION FOR ELECTRON DISTRIBUTIONS AND THEN CALCULATE TRANSPORT COEFFICIENTS AND VIBRATIONAL EXCITATION RATES IN GASES WITH APPLIED FIELDS. *Computer Physics Comunications*, 11, S. 369, 1976.

[16] K. Smith und R.M. Thomson. COMPUTER MODELING OF GAS LASERS. Plenum Press, New York, 1978.

[17] H. Jacoby. BERECHNUNG DER LEISTUNGSDATEN EINES QUERGESTRÖMTEN CO_2 LASERS MIT HOCHFREQUENZANREGUNG. *DFVLR*, (441-446/82), 1982.

[18] T. Biehler. BERECHNUNG UND OPTIMIERUNG VON GASKREISLÄUFEN FÜR TRANSVERSALGESTRÖMTE CO_2-HOCHLEISTUNGSLASER. *Institut für Strahlwerkzeuge Universität Stuttgart*, 88-3 1988. Studienarbeit.

[19] K. Grünewald. UNTERSUCHUNG DER MÖGLICHKEIT, DIE IM ENTLADUNGSRAUM VON GASLASERN ZUGEFÜHRTE WÄRME ZUM ANTRIEB DES LASERGASKREISLAUFS ZU NUTZEN. *Institut für Strahlwerkzeuge Universität Stuttgart*, (87-4), 1987. Diplomarbeit.

[20] A.H. Shapiro und W.R. Hawthorne. THE MECHANICS AND THERMODYNAMICS OF STEADY ONE-DIMENSIONAL GAS FLOW. *Journal of Applied Mechanics*, 14, S. 317, 1947.

[21] R. Nowack, H. Opower, und K. Wessel. DIFFUSIONSGEKÜHLTER CO_2-HOCHLEISTUNGSLASER IN KOMPAKTBAUWEISE. *Laser und Optoelektronik*, 23(3), S. 82, 1991.

[22] H. Weber und G. Herziger. LASER - GRUNDLAGEN UND ANWENDUNGEN. Physikalische Verlagsgesellschaft, Weinheim, 1972.

[23] K. Kleen und R.M. Müller. LASER. Springer-Verlag, Berlin, Heidelberg, New York, 1969.

[24] O. Svelto. PRINCIPLES OF GAS LASERS. Plenum Press, New York, 1986.

[25] H. Hügel, W. Schock, A. Giesen, T. Hall, und W. Wittwer. CO_2-HOCHLEISTUNGSLASER MIT TRANSVERSALER RF-ANREGUNG. *7. internationaler Kongress, LASER Optoelektronik in der Technik, München 1985*, page 40, 1986.

[26] R. Paul. OPTIMIERUNG DER HF-ANREGUNG FÜR SCHNELL LÄNGSGESTRÖMTE CO_2-LASER. *Institut für Strahlwerkzeuge Universität Stuttgart*, 1993. Dissertation.

[27] H. Hügel. STRAHLWERKZEUG LASER. B.G. Teubner Verlag, Stuttgart, 1992. Teubner Studienbücher.

[28] E. Fermi. ÜBER DEN RAMANEFFEKT DES KOHLENDIOXIDS. *Zeitschrift für Physik*, 71, S. 250, 1931.

[29] F.K. Kneubühl und M.W. Sigrist. LASER. Teubner Verlag, Stuttgart, 1989.

[30] W.J. Witteman. THE CO_2-LASER. Springer Verlag, Berlin, Heidelberg, 1987.

[31] H. Weber und G. Herziger. LASERPHYSIK. Vorlesungsmanuskript Universität Kaiserslautern, 1981.

[32] S. Müller. EXPERIMENTELLE UND THEORETISCHE UNTERSUCHUNGEN ZUR ENTWICKLUNG UND OPTIMIERUNG VON KONVEKTIV GEKÜHLTEN CO_2-HOCHLEISTUNGSLASERN. *Universität Düsseldorf*, 1986.

[33] R.H. Bullis, W.L. Nighan, M.C. Fowler, und W.J. Wiegand. PHYSICS OF CO_2 ELECTRIC DISCHARGE LASERS. *AIAA Journal*, 10(4), S. 407, 1972.

[34] N. Hodgson. OPTISCHE RESONATOREN FÜR HOCHLEISTUNGS-FESTKÖRPER-LASER. *Universität Berlin*, 1990. Doktorarbeit.

[35] N. Hodgson und H. Weber. OPTISCHE RESONATOREN. Springer Verlag, Berlin, 1992.

[36] A.J. Demaria. REVIEW OF CW HIGH-POWER CO_2-LASERS. In *Proceedings of the IEEE*, page 731, 1973. 61(6).

[37] W.W. Rigrod. GAIN SATURATION AND OUTPUT POWER OF OPTICAL MASERS. *Journal of Applied Physics*, 34(9), S. 2602, 1963.

[38] W.W. Rigrod. SATURATION EFFECTS IN HIGH-GAIN LASERS. *Journal of Applied Physics*, 36(8), S. 2487, 1965.

[39] I.N. Bronstein und K.A. Semendjajew. TASCHENBUCH DER MATHEMATIK. Harri Deutsch, Thun, Frankfurt/Main, 1979.

[40] H. Hügel. HOCHLEISTUNGS-GASLASER. *Laser und Optoelektronik*, 17(1), 1985.

[41] A. Wende. BERGMANN SCHÄFER: LEHRBUCH DER EXPERIMENTALPHYSIK, TEIL 2, X. KAPITEL: PLASMA. Walter de Gruyter Verlag, Berlin, 1981.

[42] L.J. Kieffer. A COMPILATION OF ELECTRON COLLISION CROSS SECTION DATA FOR MODELING GAS DISCHARGE LASERS. *J.I.L.A. Information Centre, Boulder, Colorado*, (Bericht Nr. 13), 1973.

[43] A. Frohn. EINFÜHRUNG IN DIE TECHNISCHE THERMODYNAMIK. Akademische Verlagsgesellschaft, Wiesbaden, 1977.

[44] M.J. Hirsh und H.J. Oskam. GASEOUS ELECTRONICS. Academic Press Inc., Orlando, 1978.

[45] A.S. Smirnov. LAYERS CLOSE TO ELECTRODES IN A CAPACITIVE RF-DISCHARGE. *Soviet Journal of Plasma Physics*, 29(1), S. 34, 1984.

[46] V.I. Myshenkov und N.A. Yatsenko. STABILITY OF A COMPOSITE DISCHARGE SUSTAINED BY STATIC AND RF ELECTRIC FIELDS. I. STRUCTURE OF A HIGH-CURRENT RF CAPACITIVE DISCHARGE. *Soviet Journal of Plasma Physics*, 3, S. 306, 1983.

[47] V.I. Myshenkov. STABILITY OF THE CATHODE LAYER AND THE MECHANISM OF THE TRANSFORMATION OF A GLOW DISCHARGE INTO AN ARC DISCHARGE. *High Temperature*, 22, S. 19, 1984.

[48] V.I. Myshenkov. NORMAL GLOW DISCHARGE BURNING REGIME. *High Temperature*, 20, S. 530, 1982.

[49] N.A. Yatsenko. MECHANISM OF FORMATION OF THE SPATIAL STRUCTURE OF A RADIOFREQUENCY CAPACITIVE DISCHARGE. *Soviet Physics, Technical Physics*, 33(2), S. 180, 1988.

[50] N.A. Yatsenko. INTEGRAL CHARACTERISTICS OF ELECTRODE LAYERS IN A CAPACITIVE MEDIUM-PRESSURE HF DISCHARGE. *High Temperatur*, 20, S. 820, 1982.

[51] N.A. Yatsenko. THE NORMAL CURRENT-DENSITY EFFECT IN A MODERATE-PRESSURE, CAPACITIVE HF DISCHARGE. *Soviet Physics, Technical Physics*, 27(6), S. 741, 1982.

[52] A. Frohn. EINFÜHRUNG IN DIE KINETISCHE GASTHEORIE. Akademische Verlagsgesellschaft, Wiesbaden, 1979.

[53] A.R. Hochstim. KINETIC PROCESSES IN GASES AND PLASMAS. Academic Press, New York, London, 1969.

[54] P. Dobrinski, G. Krakau, und A. Vogel. PHYSIK FÜR INGENIEURE. Teubner Verlag, Stuttgart, 1980.

[55] E.W. McDaniel. COLLISION PHENOMENA IN IONIZED GASES. John Wiley, New York, 1964.

[56] R.J. Harrach und T.H. Einwohner. FOUR-TEMPERATURE KINETIC MODEL FOR A CO_2-LASER AMPLIFYER. *Lawrence Livermore Laboratory University of California*, Mai 1973.

[57] F. Bartlmä. GASDYNAMIK DER VERBRENNUNG. Springer Verlag, Wien, 1975.

[58] F. Bartlmä. BERECHNUNG DES STRÖMUNGSVORGANGS BEI ÜBERSCHREITEN DER KRITISCHEN WÄRMEZUFUHR. *DVL e.V, Nürnberg*, (Bericht Nr. 168), 1961.

[59] A. Weise. STRÖMUNGSLEHRE, 1969. Auszug aus: H.Franke, Lexikon der Physik.

[60] A.H. Shapiro. THE DYNAMICS AND THERMODYNAMICS OF COMPRESSIBLE FLUID FLOW, Band 1. John Wiley & Sons, Inc., 1953.

[61] J.H. Parker Jr. und J.J. Lowke. THEORY OF ELECTRON DIFFUSION PARALLEL TO ELECTRIC FIELDS. I. THEORY. *Physical Review*, 181(1), S. 290, 1969.

[62] J.J. Lowke und J.H. Parker Jr. THEORY OF ELECTRON DIFFUSION PARALLEL TO ELECTRIC FIELDS. II. APPLICATION TO REAL GASES. *Physical Review*, 181(1), S. 302, 1969.

[63] D.R. Hall und H.J. Baker. RF EXCITATION OF DIFFUSION COOLED AND FAST AXIAL FLOW LASERS. In *SPIE Vol. 1031 GCL Seventh International Symposium on Gasflow and Chemical Lasers*, 1988.

[64] W.L. Nighan. ELECTRON ENERGY DISTRIBUTIONS AND COLLISION RATES IN ELECTRICALLY EXCITED N_2, CO, AND CO_2. *Physical Review A*, 2(5), S. 1989, 1970.

[65] S.D. Rockwood. ELASTIC AND INELASTIC CROSS SECTIONS FOR ELECTRON-Hg TRANSPORT DATA. *Physical Review A*, 8(5), S. 2348, 1973.

[66] H.T. Saelee und J. Lucas. SIMULATION OF ELECTRON SWARM MOTION IN HYDROGEN AND CARBON MONOXIDE FOR HIGH E/N. *Journal of Physics D: Applied Physics*, 10, S. 343, 1977.

[67] Y. Sakai, H. Tagashira, und S. Sakamoto. THE DEVELOPMENT OF ELECTRON AVALANCHES IN ARGON AT HIGH E/N VALUES: MONTE CARLO SIMULATION. *Journal of Physics D: Applied Physics*, 10, S. 1035, 1977.

[68] R. Winkler, H. Deutsch, J. Wilhelm, und C. Wilke. ELECTRON KINETICS OF WEAKLY IONIZED HF PLASMAS I. DIRECT TREATMENT AND FOURIER EXPANSION. *Beiträge zu Plasmaphysik*, 24(3), S. 285, 1984.

[69] C. Dang, J. Reid, und B.K. Garside. GAIN LIMITATIONS IN TE CO_2-LASER AMPLIFIERS. *IEEE Journal of Quantum Electronics*, QE-16(10), 1980.

[70] E.O. Schulz-DuBois. PULSE SHARPENING AND GAIN SATURATION IN TRAVELING-WAVE MASERS. *The Bell System Technical Journal*, page 625, März 1964.

[71] R.R. Patty, E.R. Manring, und J.A. Gardner. DETERMINATION OF SELF-BROADENING COEFFICIENTS OF CO, USING CO_2-LASER RADIATION AT 10.6 μ. *Applied Optics*, 11(11), S. 2241, 1968.

[72] K.R. Manes und H.J. Seguin. ANALYSIS OF THE CO_2-TEA LASER. *Journal of Applied Physics*, 43(12), 1972.

[73] D.F. Hotz und N. Ferrer, J. INTRINSIC FLUX LIMITS FOR CONTINUOUS AND Q-PULSE GAIN FOR THE 10.6μ LINE OF CO_2. *Journal of Applied Physics*, 39(3), S. 1797, 1968.

[74] J. Gilbert, J.L. Lachambre, F. Rheault, und R. Fortin. DYNAMICS OF THE CO_2 ATMOSPHERIC PRESSURE LASER WITH TRANSVERSE PULSE EXCITATION. *Canadian Journal of Physics*, 50, S. 2523, 1972.

[75] W.C. Marlow. APPROXIMATE LASING CONDITION. *Journal of Applied Physics*, 10, S. 4019, 1970.

[76] G. Lee. QUASI-ONE-DIMENSIONAL SOLUTION FOR THE POWER OF CO_2-GAS-DYNAMIC LASERS. *The Physics of Fluids*, 17(3), S. 644, 1974.

[77] W.J. Wiegand und W.L Nighan. PLASMA CHEMISTRY OF CO_2-N_2-HE DISCHARGES. *Applied Physics Letters*, 22(11), 1973.

[78] W.J. Wiegand und W.L. Nighan. INFLUENCE OF FLUID-DYNAMIC PHENOMENA ON THE OCCURRENCE OF CONSTRICTION IN CW CONVECTION LASER DISCHARGES. *Applied Physics Letters*, 26(10), S. 554, 1975.

[79] A.R. Davies, K. Smith, und R.M. Thomson. CALCULATION ON OUTPUT PULSE SHAPES, GAIN PULSE PROFILES, AND GAIN LIMITATION IN THE CO_2-TEA LASER. *Journal of Applied Physics*, 47, S. 2037, 1976.

[80] H. Schülke. UNTERSUCHUNGEN ZUR STRAHLQUALITÄT VON HOCHFREQUENZANGEREGTEN CO_2- HOCHLEISTUNGSLASERN. *Düsseldorf*, 1987. Dissertation.

[81] S. Müller und J. Uhlenbusch. INFLUENCE OF TURBULENCE AND CONVECTION ON THE OUTPUT OF A HIGH-POWER CO_2-LASER WITH A FAST AXIAL FLOW. *Journal of Physics D: Applied Physics*, 20, S. 697, 1987.

[82] F. Offenhäuser. THEORY AND EXPERIMENTS ON THE POWER MODULATION OF CO_2-LASERS. *IEEE Journal of Quantum Electronics*, 24(7), 1988.

[83] F. Offenhäuser. INFLUENCE OF FLUID DYNAMICS ON THE LASER KINETICS OF A TRANSVERSE FLOW CO_2-LASER. *DLR, Institut für Technische Physik, Stuttgart*, 1986. Forschungsbericht.

[84] F. Offenhäuser. KINETISCHES MODELL FÜR DEN SCHWINGUNGSENERGIEAUS-TAUSCH IN STRÖMENDEN MOLEKÜLGASGEMISCHEN. *Universität Stuttgart*, 1985. Dissertation.

[85] F. Offenhäuser. MODELLIERUNG VON GEPULSTEN GASSTRÖMUNGSLASERN. *DLR, Bereich Energetik, Stuttgart*, 1987. Forschungsbericht.

[86] A. Harendt und R. Rudolph. MODELLIERUNG SCHNELLGESTRÖMTER CO_2-LASER. *Zentralinstitut für Elektronenphysik, Akademie der Wissenschaften der DDR*, (Bericht Nr. 91-1), 1991.

[87] P. Bisin. EXTENDED NUMERICAL SIMULATION OF PULSED CO_2-LASERS. *Review. Roum. Phys.*, TOME34(7-9), S. 685, 1988.

[88] M.W. Scott und G.D. Myers. STEADY-STATE CO_2-LASER MODEL. *Applied Optics*, 23(17), S. 2874, 1984.

[89] B. Neumärker. MODELLIERUNG UND SIMULATION DER KINETISCHEN UND STRÖMUNGSMECHANISCHEN VORGÄNGE IN EINEM CO_2-LASER BEI CW BETRIEB. *Universität Stuttgart*, 1987. Diplomarbeit.

[90] V.J. Andrews, P.E. Dryer, und D.J. James. A RATE EQUATION MODEL FOR THE DESIGN OF TEA CO_2-OSCILLATORS. *Journal of Physics E: Scientific Instruments*, 8, S. 495, 1975.

[91] W.A. Rosser, Jr., E. Hoag, und E.T. Gerry. RELAXATION OF EXCESS POPULATION IN THE LOWER LASER LEVEL $CO_2(100)$. *Journal of Chemical Physics*, 57, S. 4153, 1972.

[92] R.R. Jacobs, K.J. Pettipiece, und S.J. Thomas. RATE CONSTANTS FOR THE CO_2 020-100 RELAXATIONS. *Physical Review*, 11, S. 54, 1975.

[93] G. Kamimoto, H. Matsui, und K.T. Len. STUDY OF CO_2-GASDYNAMIC LASERS. *Department of Aeronautic Engineering, Kyoto University*, 1973.

[94] S.A. Losev. GASDYNAMIC LASER. Springer Verlag, Berlin, Heidelberg, New York, 1981.

[95] E.E. Stark. MEASUREMENT OF THE 100-020 RELAXATION RATE IN CO_2. *Applied Physic Letters*, 23, S. 335, 1973.

[96] C.K. Rhodes, M.J. Kelly, und A. Javan. COLLISIONAL RELAXATION OF THE 100 STATE IN PURE CO_2. *Journal of Chemical Physics*, 48, S. 5730, 1969.

[97] R.J. Carbone und W.J Witteman. VIBRATIONAL ENERGY TRANSFER IN CO_2 UNDER LASER CONDITIONS WITH AND WITHOUT WATER VAPOR. *IEEE Journal of Quantum Electronics*, QE-5, S. 442, 1969.

[98] K.N. Seeber. RADIATIVE AND COLLISIONAL TRANSITIONS BETWEEN COUPLED VIBRATIONAL MODES OF CO_2^*. *Journal of Chemical Physics*, 55, S. 5077, 1971.

[99] K. Bulthuis und G.J. Ponsen. ON THE RELAXATION OF THE LOWER LASER LEVEL OF CO_2. *Chemical Physics Letters*, 14(5), S. 613, 1972.

[100] E.R. Murray, C.H. Kruger, und M. Mitchner. VIBRATIONAL NONEQUILIBRIUM IN CARBON DIOXIDE ELECTRIC DISCHARGE LASERS. *Journal of Chemical Physics*, 62(2), S. 388, 1975.

[101] J.A. Blauer und G.R. Nickerson. A SURVEY OF VIBRATIONAL RELAXATION RATE DATA FOR PROCESSES IMPORTANT TO CO_2-N_2 -H_2O INFRARED PLUME RADIATION. *AIAA Paper*, 74-536, 1974.

[102] W. Schock und H. Hügel. SUBSONIC FLOW CO_2-LASER WITH TRANSVERSE RF EXCITATION. In *GCL*, 1984.

[103] W. Schock, B. Walz, K. Wessel, und E. Wildermuth. CHARAKTERISTICS OF A COMPACT RF EXCITED 12kW CO_2-LASER. In *ECO*, März 1990.

[104] J.H. Jacob und S.A. Mani. THERMAL INSTABILITY IN HIGH-POWER LASER DISCHARGES. *Applied Physics Letters*, 26(2), S. 53, 1975.

[105] A.V. Eletski und A.N. Starostin. THERMAL INSTABILITY OF THE NONEQUILIBRIUM STATE OF A MOLECULAR GAS. *Soviet Physics, Technical Physics*, 1(4), S. 377, 1975.

[106] A.V. Bondarenko, V.S. Golubev, E.V. Dan'shchikov, F.V. Lebedev, und A.V. Ryazanov. THERMAL INSTABILITY OF A SELF-SUSTAINED GAS DISCHARGE. *Soviet Physics, Technical Physics*, 5(2), S. 678, 1979.

Mein besonderer Dank gilt Herrn Professor H. Hügel, der mein Interesse an der Lasertechnik geweckt und geprägt hat. Seine konstruktive Förderung ermöglichte mir eine konsequente und selbständige Arbeitsweise.

Herrn Professor A. Frohn danke ich für die Übernahme des Koreferats und für die fachlichen Anregungen bei der Fertigstellung der Arbeit.

Ich danke Herrn Dr. P. Berger für seine kompetente Beratung in allen Fragen der Fluidmechanik und Computertechnik.

Ein herzliches Dankeschön geht an meine Kollegen Herrn Dr. R. Edler und Frau Dr. U. Mohr für ihre kooperative Zusammenarbeit, ihr begleitendes Interesse und die wertvollen Diskussionen.

Darüberhinaus möchte ich all meinen Freunden und Kollegen danken, die durch ihre menschliche und fachliche Anteilnahme zum Gelingen der Arbeit beigetragen haben.

Erlangen im November 1993

Karin Maria Grünewald